本书获得中国博士后科学基金资助（项目编号：2012M511923）和四川省软科学研究项目资助（项目编号：2020JDR0260）

Analysis on Urban Household
Financial Assets Allocation in China

中国城镇居民家庭
金融资产选择研究

王 阳◎著

西南财经大学出版社
Southwestern University of Finance & Economics Press

中国·成都

图书在版编目(CIP)数据

中国城镇居民家庭金融资产选择研究/王阳著.—成都:西南财经大学出版社,2020.6
ISBN 978-7-5504-3317-5

Ⅰ.①中…　Ⅱ.①王…　Ⅲ.①家庭—金融资产—研究—中国
Ⅳ.①TS976.15
中国版本图书馆 CIP 数据核字(2017)第 298681 号

中国城镇居民家庭金融资产选择研究

ZHONGGUO CHENGZHEN JUMIN JIATING JINRONG ZICHAN XUANZE YANJIU

王阳　著

策划编辑:何春梅
责任编辑:廖韧
封面设计:何东琳设计工作室
责任印制:朱曼丽

出版发行	西南财经大学出版社(四川省成都市光华村街 55 号)
网　　址	http://www.bookcj.com
电子邮件	bookcj@foxmail.com
邮政编码	610074
电　　话	028-87353785
照　　排	四川胜翔数码印务设计有限公司
印　　刷	四川五洲彩印有限责任公司
成品尺寸	165mm×230mm
印　　张	16.25
字　　数	190 千字
版　　次	2020 年 6 月第 1 版
印　　次	2020 年 6 月第 1 次印刷
书　　号	ISBN 978-7-5504-3317-5
定　　价	88.00 元

前言

　　家庭金融是金融学研究的一个新兴领域。家庭作为社会经济活动的基本单元，其参与金融市场的意愿、持有金融资产的数量和金融资产的配置结构，是一个国家的经济发展阶段和资本市场发展水平的重要标志。改革开放以来，我国经历了 40 年左右的经济高速增长，居民家庭收入有了很大提高，资本金融市场也有了长足发展，家庭参与金融市场的意愿和能力显著提升。但是，多数居民家庭缺乏必要的金融知识储备，在金融资产选择过程中存在或多或少的盲目性、跟随性和冲动性，导致家庭金融资产选择行为变得日益复杂化和多样化，由此派生出与家庭金融资产选择相关的一系列理论与现实问题。中国正处于全面建成小康社会的关键时期，随着人民生活水平的提高，越来越多的家庭会参与金融市场资产配置活动。在此时代背景下对居民家庭金融资产选择行为进行深入全面的研究，不仅具有重要的理论价值和现实意义，还具有深刻的政策意义。

　　本书采用中国家庭金融调查与研究中心（CHFS）2011 年和 2013 年在全国范围内开展的两轮抽样调查数据，从理论分析和实证检验两个方面研究我国城镇居民家庭金融市场参与程度、金融资产持有量和配置结构的特征及影响因素，并结合新时期中国社会文化的特点，实证检验社会网络与家庭金融资产选择的关系，并识别其可能的影响机制。在实证研究中，本书充分考虑样本数据的分布特征和内生性问题可能导致的估计偏误，分别选取 Logit 模型、Tobit 模型、IVProbit 模型和 IVTobit 模型对城镇居民家庭金融资产选择行为进行规范的计量经济学分析，并检验实证结果的稳健性。总体上看，本书力图拓展家庭金融资产选择领域的研究广度和研究深度，试图完善已有相关文献在样本数据获取和模型构建上的不足，丰富家庭金融资产选择领域的研究成果。本书的研究结论和政策建议不仅可以为家庭优化金融资产配置提供分类指导，促进家庭财产性收入的提高，还可以为金融机构有针对性地开发适应市场需求的金融产品和服务提供理论和经验依据，促进我国资本市场和宏观经济的健康稳定发展。

本书主要由 8 个部分的内容构成：

第 1 章：对全书进行概述，主要介绍本书的研究背景、研究目的、研究意义、主要内容、研究方法、数据来源、研究思路和创新点。

第 2 章：对国内外有关家庭金融资产选择的文献进行系统梳理，并针对当前研究的不足提出改进方向和思路。本章对国外文献的归纳与述评主要从两个维度展开：一是从理论研究的视角，总结资产组合理论的发展过程；二是从实证研究的视角，分别归纳有关家庭金融资产选择领域的早期成果和近年来的扩展性成果。本章对国内文献的归纳和述评主要从宏观和微观两个维度展开：在宏观视角上，主要梳理研究经济增长、政治经济体制、社会保障体系、金融市场发展、市场经济体制改革进程等宏观因素影响家庭金融资产选择的文献；在微观视角上，主要梳理研究投资者个人特征、投资者家庭人口统计特征、社会资本、家庭财富和收入等因素与家庭金融资产选择的关系的文献。

第3章：对影响我国城镇居民家庭金融资产选择的因素进行理论分析。本书第2章侧重对影响家庭金融资产选择的因素进行归纳总结，但这些因素属于一般性因素，是影响不同发展水平国家居民家庭金融资产配置决策的共同变量。但是，不同于欧美的发达市场经济国家，我国居民家庭金融资产选择决策所处的经济、社会和文化环境具有特殊性。因此，本章将结合转型期中国的国情，重视社会网络和财富分层等中国元素的作用，从理论上全面总结影响我国居民家庭金融资产选择的一般性因素和特殊因素。

第4章：在第2章和第3章分析的基础上，对我国城镇居民家庭是否参与金融市场的影响因素进行实证研究。本章共包括4个部分：①利用CHFS在2011年和2013年的两轮家庭金融调查数据，对城镇居民家庭不同种类金融市场的参与率、不同因素与金融市场参与率的关系进行探索性描述统计分析，在初步识别不同因素对居民家庭金融市场参与的影响的基础上，结合已有理论分析，选择影响城镇居民家庭金融市场参与的因素；②在第一部分分析的基础上，选取相应的影响因素变量，构建城镇居民家庭金融市场参与的 Logit 模型；③对 Logit 模型的估计方法和检验方法进行概述，为实证研究奠定方法论基础；④利用极大似然法对城镇居民家庭金融市场参与模型进行估计，对参数估计结果进行计量经济学检验，对模型估计结果进行稳健性检验，最后结合相关理论对实证结果进行解释和分析。

第 5 章：对影响我国城镇居民家庭金融资产持有量的因素进行实证分析。本章主要包括 4 个部分的内容：①基于 CHFS 在 2011 年和 2013 年的调查数据，对城镇居民家庭各类金融资产的持有量、不同因素与家庭金融资产持有量的关系进行探索性描述统计分析，在初步识别不同因素对家庭金融资产持有量的影响的基础上，选择影响我国城镇居民家庭金融资产持有量的因素；②在第一部分分析的基础上，选择具体的变量并对变量赋值进行说明，进而构建影响家庭金融资产持有量的 Tobit 模型；③探讨 Tobit 模型的适用条件、估计方法和检验方法，为本章的实证研究奠定方法论基础；④采用极大似然法对模型进行估计，对参数估计结果进行计量经济学检验，对模型估计结果进行稳健性检验，最后结合相关理论对实证结果进行解释和分析。

第 6 章：对城镇居民家庭金融资产配置结构及其影响因素进行实证分析。本章主要共包括 3 个部分的内容：①利用 CHFS 在 2011 年和 2013 年的两轮家庭金融调查数据，对我国城镇居民家庭各类金融资产占家庭金融资产的比重、不同因素与金融资产结构的关系进行探索性描述统计分析，在初步识别不同因素对家庭金融资产结构的影响的基础上，结合已有的理论分析，选择影响我国城镇居民家庭金融资产配置结构的因素；②在第一部分分析的基础上，选取具体的变量指标，构建影响我国城镇居民家庭金融资产配置结构的 Tobit 模型；③对家庭金融资产结构模型进行估计，对参数估计结果进行计量经济学检验，对模型估计结果进行稳健性检验，最后结合相关理论对实证结果进行解释和分析。

第 7 章：利用 CHFS 在 2011 年和 2013 年的两轮调查数据，实证检验社会网络与家庭金融资产选择的关系，并构建影响机制模型，识别可能的影响渠道。本章主要包括 3 个部分的内容：①首先对社会网络的度量进行说明，并定义正规风险性金融资产的含义，在变量定义的基础上，对社会网络和家庭风险性金融资产进行探索性描述统计；②选择相应变量，构建社会网络与家庭金融资产选择的关系的计量经济学模型；③估计社会网络影响家庭金融资产选择模型，对参数估计结果进行计量经济学检验，对模型估计结果进行稳健性检验；构建影响机制模型，检验社会网络影响家庭金融资产选择的可能渠道，最后结合相关理论对实证结果进行解释和分析。

第 8 章：综合全书各章的研究结果，得出主要结论，并提出针对性的对策建议，指出本书在我国家庭金融资产选择研究上存在的不足,展望该领域未来的研究趋势。

本书通过理论分析和实证研究得到如下主要结论:

(1)中国家庭金融资产选择行为的基本特征。①中国家庭金融资产选择行为与欧美国家有很大差异,欧美的发达市场经济国家,金融资产占家庭资产的比重很大,家庭金融资产的金融化程度很高,而且家庭持有风险性金融资产的数量较多、比重较大,家庭主要通过专业化的中介进行金融资产投资。相反,我国居民家庭金融资产主要以储蓄存款为主,家庭主要持有无风险性金融资产。②城乡居民家庭在家庭金融资产选择上存在系统性差异,城镇家庭在金融市场的参与率、持有金融资产的数量和配置金融资产的比重上都远高于农村居民家庭。③虽然中国居民家庭资产选择呈现出金融化的趋势,但金融资产在家庭总资产中的比例依然非常低,金融化程度不高。④尽管中国居民家庭金融资产选择有风险化趋势,但风险性金融资产在金融资产中的占比很小,风险化程度很低。⑤储蓄存款是中国居民家庭最主要的金融资产,中国居民家庭参与股市的深度和广度都不够。⑥家庭的社会网络越大,家庭越容易投资于金融市场。

(2)投资者家庭的特征影响家庭金融资产选择的结论。①收入对家庭金融资产选择有显著的促进作用,随着收入的提高,家庭参与风险性金融市场、股票市场和进行储蓄存款的概率会显著提高,家庭持有金融资产、储蓄存款和股票的数量也会明显增加；与此同时，高收入家庭会增加风险性金融资产和储蓄存款的比重，但是对股票占比没有显著影响。②家庭财富对家庭金融资产选择有显著的激励作用，富裕家庭更有可能参与风险性金融市场、股票市场和进行储蓄；随着家庭财富的增加，家庭持有金融资产、储蓄存款和股票的数量也会显著提高；与此同时，富裕家庭还会提高风险性金融资产、股票和储蓄存款的比重。③房产投资挤出了家庭金融资产投资。房产投资占比的提高，不仅降低了家庭参与风险性金融市场、股票市场和进行储蓄存款的概率，还使家庭持有金融资产、股票和储蓄存款的数量减少；与此同时，高房产投资占比还降低了家庭配置风险性金融资产、股票和储蓄存款的比重。总体上看，房产对金融资产投资的替代效应超过了互补效应，过度的房产投资抑制了家庭对金融市场的参与深度和参与广度。④从事工商业经营对家庭参与风险性金融市场没有显著影响，对家庭参与股票市场和进行储蓄存款有负面影响。工商业经营对家庭持有金融资产数量和储蓄存款无显著影响，但是显著减少了股票的持有量；工商业经营降低了家庭配置风险性金融资产和股票的比重，但对储蓄存款的比重没有影响。⑤保险保障能够极大地提升家庭参与金融市场的广度和深度。购买商业保险的家庭更有可能参与风险性金融市场、股票市场和增加储蓄存款，同时会增加投资在金融资产、股票和储蓄存款上的数量；商业保险还对家庭配置风险性金融资产、股票和储蓄存款的比重有显著的激励作用。⑥家庭总人口对家庭参与风险性金融市场和股票市场没有显著影响，但是显著降低了家庭进行储蓄存款的概率；家庭规模对家庭金融资产和储蓄存款的数量没有影响，但是显著降低了家庭对股票的投资数量；随着家庭人口增加，家庭配置风险性金融资产和股票的比重没有变化，但是显著降低了家庭配置储蓄存款的比重。

（3）投资者特征影响家庭金融资产选择的结论。①年龄对家庭参与风险性金融市场、股票市场和进行储蓄存款的影响存在差异。②教育水平的提高显著提升了家庭参与金融市场的广度和深度。③健康状况好转对家庭参与风险性金融市场和进行储蓄存款有促进作用，但是对其参与股市没有影响；健康状况良好对家庭投资金融资产和进行储蓄存款数量的提升有重要的促进作用，对股票投资量没有影响；健康状况良好会提高家庭配置风险性金融资产和储蓄的比重，但是对股票占比没有影响。④风险态度对家庭参与风险性金融市场、股票市场和进行储蓄存款有显著促进作用；与风险厌恶的家庭相比，风险中性和风险偏好的家庭投资风险性金融资产、股票和进行储蓄存款的数量更多，配置比重也更高。⑤性别对城镇居民家庭参与风险性金融市场有正向影响，但对家庭参与股票市场和进行储蓄存款没有显著影响；相对于女性投资者，男性投资者会增加金融资产和储蓄存款持有量，但在股票持有量上没有显著差别；相对于女性投资者，男性投资者会提高风险性金融资产的配置比重，但两者在股票和储蓄存款占比上没有差别。⑥已婚投资者更可能参与股市，婚姻状况对家庭参与风险性金融市场和进行储蓄存款没有影响；与未婚投资者相比，已婚投资者家庭持有更多的金融资产、储蓄存款和股票；已婚家庭配置股票资产的比重更高，但婚姻状况对风险性金融资产和储蓄存款占比没有影响。⑦投资者是否为党员对家庭参与风险性金融市场没有影响，但党员身份对参与股票市场和进行储蓄存款有积极影响；相比于投资者非党员的家庭，投资者是党员的家庭将增加金融资产和储蓄存款的数量，是否党员对股票持有量没有影响；投资者为党员的家庭会增加储蓄存款的配置比重，是否党员对风险性金融资产和股票比重没有影响。

（4）家庭金融资产选择存在地区差异。①在金融市场的参与上，东部地区和中部地区的家庭对风险性金融市场的参与概率高于西部地区家庭；东中西部地区家庭在股市参与上没有差别；东部地区和中部地区的家庭进行储蓄存款的概率高于西部地区家庭。②在金融资产的持有量上，东部和中部地区家庭比西部地区家庭更多地投资金融资产和进行储蓄存款，但区域差异对股票持有量没有影响。③在金融资产的配置比重上，东部和中部地区家庭比西部地区家庭配置了更高比率的风险性金融资产和储蓄存款，东中西部家庭在股票占比上没有差异。

（5）社会网络影响家庭金融资产选择的结论。社会资本不仅

9

显著提高了家庭参与风险性金融市场的概率，而且增加了家庭持有的风险性金融资产，尤其是股票的数量。进一步的机制分析表明，社会资本可以通过降低风险厌恶度和提升金融信息关注度来影响家庭对风险性金融资产的配置。研究结论在使用工具变量解决内生性问题，使用不同年份调查数据进行检验后仍然稳健。这一研究结论再次证实了社会网络、社会资本、"关系"等社会文化变量对我国居民家庭金融资产选择的影响。

最后，本书根据理论分析和实证研究的结论，提出了有针对性的对策建议：

（1）我国应深化经济体制改革，减少家庭未来预期的不确定性，引导居民多元化投资。未来我国需要在深化经济领域改革的同时，不断完善社会保障措施，逐步建立健全居民医疗保险制度、养老保险制度、失业保险制度和住房公积金制度，进而降低家庭对未来预期的不确定性，促使家庭在投资时更加关注资产的收益，实现家庭金融资产投资的多元化发展。

（2）我国应完善和深化资本市场改革。政府相关部门应当建立相应的金融市场，为家庭进行不同类型金融资产的投资提供必要的渠道，必须创新、改革和完善现有资本市场（股票市场、债券市场、基金市场）。首先，针对中国家庭股票投资占比较低的特征，我国要加快股票市场改革，进一步完善股票市场的制度建设，建立多层次的股票市场体系。其次，我国应不断扩大债券市场规模，完善债券市场结构。最后，针对城镇居民家庭资产配置中基金所占比例较低的特征，我国应该进一步促进基金市场的合理竞争，降低基金费率，规范基金投资行为，提高基金管理能力，吸引我国居民家庭加大在基金市场上的投资力度。

（3）我国应促进商业保险市场的健康发展。当前我国商业保险市场还不完善，保险产品和服务还有很大的改进空间，这对我国保险业的发展既是挑战也是机遇。保险公司应当积极扩大商业保险市场规模，增加保险产品的吸引力。政府监管部门应当完善相关法律法规，促进各类保险中介规范发展，激励保险中介为家庭参与商业保险市场提供高效服务；重点发展符合我国国情的保险产品，如商业医疗保险、商业养老保险和责任保险等；探索保险机构参与新型农村合作医疗的有效方式，探索建立政策支持的巨灾保险体系。

（4）我国应加快房地产领域相关改革，促进房地产市场健康发展，优化家庭金融资产配置。住房市场化改革以来，尤其是最近十年，地价和房价不断创新高。房产是大部分家庭最重要的资产，这导致我国城镇居民家庭资产结构中房产所占比重极高，而股票、基金等金融资产所占比重极低。极高的房产投资比例和住房拥有率，使得房产对于中国家庭金融资产配置起着极为重要的作用。政府应对房价进行调控使其回归合理水平，促进房屋租赁市场的健康发展，这将有助于家庭资产配置的优化。

（5）我国应构建社会主义和谐社区。社会网络作为一种非正式的制度安排，不但具有"信息桥"的作用，通过网络成员缓解信息不对称，降低交易成本，而且有助于改变家庭的主观风险态度，能够帮助家庭改变保守的风险态度，形成合理的风险投资态度。因此，政府应该加强社会主义和谐社区建设，有效发挥社会网络的保障功能。通过建立广泛、高质量的社会网络，一方面，可以降低家庭投资金融市场的风险；另一方面，有助于家庭扩展信贷渠道，缓解信贷约束，进而增加家庭财产性收入，提高家庭福利水平。

总体上看，本书试图在以下四个方面取得突破：

（1）在研究视角上，国内已有的研究大多从宏观视角来考察居民家庭金融资产选择行为，分析家庭资产选择在总量意义上的现状，预测未来的可能趋势，探讨宏观经济变量与家庭金融资产总量现状的关系。由于富裕家庭等因素对宏观变量有非常大的影响，在贫富差距不断扩大的背景下，少部分富裕家庭拥有全社会大部分的财富。因此，基于宏观视角的研究结论不能代表整个社会中大多数家庭的资产选择和偏好。不同于宏观维度的研究，本书试图利用中国家庭金融调查数据，从家庭微观视角实证研究我国城镇居民家庭的金融资产选择行为，深入系统地考察一般性因素和"中国元素"对中国城镇居民家庭金融市场参与、金融资产持有量与金融资产配置结构的影响，弥补单一宏观视角研究的不足。

（2）在研究方法上，首先，国内已有的研究方法较单一，早期研究我国居民家庭金融资产选择的文献主要以理论推演为主，近年来的实证研究大多也只是简单地采用描述性统计和多元线性回归方法，在样本数据的挖掘上存在极大的局限性；其次，国内已有的研究在模型构建过程中，对影响家庭金融资产选择的因素考虑不全面，存在遗漏变量偏误的可能，对变量的内生性问题缺乏必要的讨论，估计结果可能是有偏的和非一致的，这些不足都降低了实证结果的可信性；最后，国内已有的研究对模型的统计检验也不够严谨，很少有文献对估计结果进行稳健性检验，经常出现不同学者在研究同一时期、同一问题时得出相反结论的现象。为此，本书利用中国家庭金融调查的专题数据，根据样本数据的分布特点和对内生性问题的讨论，选取相应的计量分析模型，在计量经济学理论的指导下对模型进行参数估计和计量经济学检验，并基于家庭金融理论对估计结果进行解释，以实现内部有效性与外部有效性的统一。

（3）在数据来源上，长期以来，我国家庭金融研究面临的主要问题之一就是缺乏一个权威和开放的全国家庭金融调查数据库。西南财经大学中国家庭金融调查与研究中心（CHFS）从2011年开始在全国范围内以家庭为单位进行持续调查，试图为学术研究和政策制定建立一个真实、客观、有效的家庭微观金融数据库。本书使用 CHFS 在 2011 年和 2013 年在全国开展的两轮家庭金融调查的专题数据，对我国城镇居民家庭的金融资产选择问题进行全面深入的研究，以期弥补已有文献在样本数据来源和处理上的不足。

（4）在研究广度上，本书分别构建家庭金融市场参与模型、家庭金融资产持有量模型和家庭金融资产配置结构模型，全面剖析家庭金融资产选择行为，以丰富和拓展我国家庭金融资产研究领域的成果。在研究深度上，本书不仅考察了影响家庭金融资产选择的一般性因素，还基于转型期中国社会文化的新特点，检验了社会网络与家庭金融资产选择行为的关系及其可能的作用机制，力图深化大家对新时期中国居民家庭金融资产选择行为的理解。

当然，鉴于本人知识有限，本书难免存在不足之处，欢迎读者批评指正。

王阳

于温江孔雀城

目录

1 绪论

1.1 问题的提出

现代家庭在经济生活中同时面临两个重要决策：一是如何将收入在消费和储蓄之间进行分配；二是如何将家庭经济资源在实物资产和金融资产之间进行配置。改革开放以来，我国历经了约40年的经济高速增长，居民家庭收入和生活水平有了翻天覆地的变化，资本市场和金融市场亦有长足发展，居民家庭参与金融市场的意愿和能力不断提升，居民家庭金融资产选择行为呈现出复杂化和多样化的趋势。

首先，中国居民家庭已经逐步从过去那种狭隘的、仅仅依靠存款生息来管理资产的模式中摆脱出来，居民家庭金融资产选择初步呈现多元化趋势，现金持有比重不断下降，通过有价证券进行投资理财的方式开始成为家庭的重要投资选择。

其次，居民家庭金融资产选择行为既是微观主体的经济行为，又与金融市场和宏观经济紧密联系。随着居民家庭金融资产结构的多元化，家庭金融资产凭借其潜在收益在动员居民家庭将储蓄转化为投资、优化资源配置等方面发挥着越来越重要的作用，进而对宏观经济产生举足轻重的影响。我国正处于体制转轨和经济转型的重要阶段，教育、医疗和社会保障体系还不尽完善，导致居民家庭整体储蓄率过高，对股票市场等风险性金融市场的参与率过低，居民家庭金融资产结构有待进一步改善。

最后，随着我国金融市场的发展和金融理财产品的日益丰富，居民家庭可以选择的投资渠道不断增多。随着越来越多的金融创新，未来还会不断出现各种新的金融工具。尽管居民家庭可以根据偏好，以及不同金融工具的收益率、流动性、安全性方面的特征形成家庭金融资产组合，但多数家庭缺乏必要的金融知识储备，在金融资产选择过程中存在或多或少的盲目性、跟随性、冲动性。由此派生出与家庭金融资产选择相关的一系列理论与现实问题：

（1）中国居民家庭金融资产配置的现状如何？未来会有怎样的变化趋势？现有金融产品和服务能否满足家庭进行金融资产选择的要求？

（2）中国居民家庭在各类金融市场中的参与率如何？影响家庭金融市场参与率的因素有哪些？

（3）中国居民家庭持有各种金融资产的数量如何？影响家庭金融资产持有量的因素有哪些？

（4）中国居民家庭配置各类金融资产的比重是否合理？影响家庭金融资产配置结构的因素有哪些？

（5）"关系"和社会网络等中国特有的社会文化因素将对家庭金融资产选择产生什么影响？影响机制和作用渠道又是什么？

正如 Campbell（2006）、甘犁等（2013）所言，有关家庭金融的理论研究和经验解释才刚刚起步，迫切需要我们认识家庭的金融行为规律。对以上理论和现实问题进行深入系统的研究，不仅有助于我们从理论上深入理解居民家庭的金融资产选择行为，还可以为我们进一步研究金融市场发展及其与宏观经济增长的现实联系奠定坚实的微观基础。因此，在我国经济转轨和社会转型的关键时期，对居民家庭金融资产选择行为进行深入系统的研究，不仅具有重要的理论价值和现实意义，还具有深刻的政策意义。

1.2　研究目的与研究意义

1.2.1　研究目的

美国金融学会主席 John Campbell（2006）指出，家庭金融（household finance）是金融系统的有机组成部分，家庭金融正逐渐成为金融学的一个重要领域与研究分支，其研究前景非常广阔。2006 年 1 月，Campbell 提出将家庭金融作为与资产定价、公司金融等传统金融研究方向并立的一个新的独立研究方向。2009年美国国民经济研究局（NBER）成立了家庭金融研究小组，其标志着家庭金融正成为金融学研究的一个新领域。西南财经大学中国家庭金融调查与研究中心（CHFS）主任甘犁教授（2013）认为，家庭金融面临建模和度量两个方面的巨大挑战，而正是这两大挑战引领着该领域未来研究的广阔前景。近年来，家庭金融正受到越来越多的关注，这一领域的研究成果也在不断增加。但是，与金融学的两个传统研究领域——资产定价和公司金融相比，家庭金融研究领域无论在理论方面还是在实证方面都尚未取得一致的结论。

总体上看，研究家庭金融资产选择的目的有两个：一是宏观目的，二是微观目的（史代敏，2012）。宏观目的主要是从总量角度出发，不仅要研究居民家庭金融资产选择对宏观经济和社会发展的影响，还要分析宏观经济政策以及金融市场的发展对居民家庭金融资产总量和金融资产结构产生的影响。微观目的是从个体角度出发，把家庭当作决策主体，研究居民家庭金融市场参与、金融资产持有量和金融资产配置结构的现状、特征及其发展趋势，考察影响家庭金融资产选择的因素以及相应的影响机制。

本书将利用西南财经大学中国家庭金融调查与研究中心（CHFS）提供的 2011 年和 2013 年在全国范围进行的两轮调查的家庭金融资产专题数据，主要从家庭微观视角出发，实证检验影响家庭金融资产选择的一般性因素和特殊因素，并识别这些因素的影响机制。本研究力图拓展家庭金融研究的广度和深度，完善已有相关文献在样本数据获取和模型构建上的不足，丰富家庭金融资产选择领域的研究成果。具体来看，本书试图达到以下几个目的：

（1）本书基于 CHFS 提供的全国范围的家庭金融调查数据，对城镇居民家庭在各类金融市场上的参与广度和深度进行描述性统计分析和分组统计分析。本书基于探索性描述统计分析的结果，总结我国居民家庭金融资产选择的现状和特点，初步探究影响家庭金融资产选择的因素。

（2）本书系统梳理国内外有关家庭金融资产选择的文献，归纳总结当前研究的不足，并提出改进方向。本书基于家庭金融选择理论，对影响我国城镇居民家庭金融资产选择的一般性因素和

4

特殊因素进行理论分析，为实证分析奠定理论基础。

（3）本书基于理论分析和描述性统计的初步结论，分别构建我国城镇居民家庭金融市场参与模型、家庭金融资产持有量模型和家庭金融资产结构的实证分析模型，选择相应的估计方法，实证检验不同因素对我国城镇居民家庭金融市场参与率和参与深度的影响，并建立机制模型识别可能的影响渠道。

（4）本书基于中国社会文化的特点，实证检验"关系"等中国元素在家庭金融资产选择中的作用，识别可能的影响机制和作用渠道，以此检验在市场化改革不断深入的当下，传统因素对家庭经济决策的影响是减弱、不变还是增强。

（5）本书基于理论分析和实证研究的结论，提出有针对性的政策建议，为我国家庭优化金融资产配置提供分类指导；为金融机构有针对性地开发适应市场需求的金融理财产品提供经验依据；为促进我国资本金融市场改革和发展政策的出台奠定微观基础；为相关宏观经济政策的制定提供有针对性的对策，以促进我国居民家庭财产性收入的提高，助力资本市场和宏观经济的健康稳定发展。

1.2.2 研究意义

居民家庭如何在不确定性环境下使用各类金融工具实现其财富目标是金融学研究的核心问题之一（Campbell，2006）。家庭作为社会经济活动的重要载体，其参与金融市场的意愿和持有金融资产的数量与配置结构是一个国家经济发展和资本市场发展水平的重要标志。在欧美的主要发达国家，家庭金融的研究成果已得到广泛的应用，为经济政策的制定提供了重要的依据，因此受到学者越来越多的关注。家庭金融研究涉及的范围主要包括风险市场参与、资产配置决策、抵押贷款选择和家庭信贷约束等。

改革开放以来，随着我国居民家庭收入的提高和资本市场的发展，家庭的投资理财观念正在发生转变，家庭参与金融市场的意愿和能力正不断提升。与此同时，我国多数居民家庭缺乏必要的金融知识储备，在金融资产投资上存在或多或少的盲目性、跟随性和冲动性，这些因素交织在一起，使我国居民家庭金融资产选择行为呈现复杂化和多样化的特征，并由此派生出一系列与家庭金融相关的理论与现实问题。我国正处于经济转轨和社会转型的关键时期，在此时代背景下对我国居民家庭金融资产选择问题进行深入系统的研究，不仅具有重要的理论价值和现实意义，还具有深刻的政策意义。

1. 理论意义

家庭金融是近年来金融学研究的一个新兴领域，随着我国金融产品的日益丰富和家庭金融实践的快速发展，国内外学者对于我国居民家庭金融的关注和研究不断增多（李心丹 等，2011）。家庭金融资产是居民以往金融投资形成的存量，研究家庭金融资产选择也就是研究家庭金融投资行为，其研究成果是对已有家庭资产选择行为相关理论和家庭消费决策理论的验证和补充。深入系统地研究我国居民家庭金融资产配置问题，可以为优化资源配置，促进经济增长与深化金融市场改革提供相应的理论借鉴。

但是，我国和欧美发达资本主义国家处于不同的经济发展阶段，金融市场的成熟度有很大差别，国家之间在制度和文化上存在巨大的差异。这些异质性反映在家庭金融资产选择上，便是不同国家的家庭对风险性资产和流动性资产的偏好有所不同。此外，发达国家在政策制定上的成熟程度和对家庭金融研究的关注等方面具有优势，而我国的资本市场还很不成熟，家庭资产配置行为常常受到宏观政策的影响（高明 等，2013）。当前，我国经济正处于经济转型升级阶段，兼具明显的区域差异和城乡差异，我国家庭金融资产选择行为的研究必须考虑这种特殊性。因此，本书将立足中国国情，在经济转轨和社会结构变化的背景下，探寻我国城镇居民家庭金融资产选择的共性和特殊性。

2. 现实意义

国内有关家庭金融的研究才刚刚起步，数据的缺乏是我国家庭金融研究起步晚的主要原因。由于发达国家较易取得家庭经济和金融的微观数据，因此有关家庭金融的文献大多来自发达国家。为了填补这方面的空白，2010 年，西南财经大学成立了中国家庭金融调查与研究中心（CHFS），其核心工作就是开展中国家庭金融调查。该调查是专门针对中国家庭金融状况进行的全面、系统的大型入户追踪调查，旨在通过科学的抽样，采用现代调查技术和管理手段，在全国范围内收集有关中国家庭金融微观层面的信息，以便为国内外研究者提供高质量的家庭金融微观数据，为国家制定宏观经济、金融政策提供参考和依据。

本书将利用 CHFS 提供的家庭金融调查数据从理论和实证上研究我国城镇居民家庭金融资产选择领域的现实问题：①系统考察我国居民家庭金融资产选择行为，深入了解居民家庭在各类金融产品上的投资现状、特点和不足，从而发现我国金融市场在需求侧和供给侧上的不足，为金融创新提供理论指导和经验证据；②对我国居民家庭金融资产选择的影响因素进行实证研究，可以识别不同因素影响家庭金融资产选择的方向和程度，为政府出谋划策，为居民提供更好的金融产品和服务，为金融当局制定政策提供富有价值的参考，引导家庭进行正确的金融投资，通过科学理财来防范金融风险，提高家庭财产性收入，促进社会经济的发展；③在经济转轨和社会转型期，基于我国国情研究"关系"等特殊因素对家庭金融资产选择的影响和作用渠道，不仅可以为家庭优化金融资产选择提供分类指导，为金融机构有针对性地开发适应市场需求的金融产品和服务提供依据，还能帮助政策制定部门明确我国金融税收优惠政策的着力点，进而为政府制定相关宏观经济政策，科学引导居民进行合理的消费和投资提供参考依据。

3. 政策意义

分析家庭金融资产选择不仅具有重要的理论和现实意义，更具有十分深刻的政策意义。首先，资产组合的优化程度对家庭的财产性收入和财富积累有重要影响（陈志武，2003）；其次，它与资本市场的建设，包括退休计划、投资者教育和制度设计等息息相关（高明 等，2013），促使居民家庭科学理性地参与金融市场，推动我国资本市场和金融市场的健康发展；最后，在拉动中国经济的"三驾马车"中，消费对 GDP 的贡献率逐年上升，居民家庭合理的金融资产配置，可以促进家庭财产性收入的提高，有助于消费持续稳定的增长，最终促进宏观经济的稳定和可持续发展。

1.3　研究内容

本书主要包括 8 个部分的内容：

第 1 章：对全书进行概述，主要介绍本书的研究背景、研究目的、研究意义、主要内容、研究方法、数据来源、研究思路和研究的创新点。

第 2 章：对国内外有关家庭金融资产选择的文献进行系统梳理，并针对当前研究的不足提出改进方向和思路。本章对国外文献的归纳与述评主要从两个维度展开：一是从理论研究的视角，总结资产组合理论的发展过程；二是从实证研究的视角，分别归纳有关家庭金融资产选择领域的早期成果和近年来的扩展性成果。本章对国内文献的归纳和述评主要从宏观和微观两个维度展开：在宏观视角上，主要梳理研究经济增长、政治经济体制、社会保障体系、金融市场发展、市场经济体制改革进程等宏观因素影响家庭金融资产选择的文献；在微观视角上，主要梳理研究投资者个人特征、投资者家庭人口统计特征、社会资本、家庭财富和收入等因素与家庭金融资产选择的关系的文献。

第 3 章：对影响我国城镇居民家庭金融资产选择的因素进行理论分析。本书第 2 章侧重对影响家庭金融资产选择的因素进行归纳总结，但这些因素属于一般性因素，是影响不同发展水平国家居民家庭金融资产配置决策的共同变量。但是，不同于欧美的发达市场经济国家，我国居民家庭金融资产选择决策所处的经济、社会和文化环境具有独特性。因此，本章将结合转型期中国的国情，重视社会网络和财富分层等中国元素的作用，从理论上全面总结影响我国居民家庭金融资产选择的一般性因素和特殊因素。

第 4 章：在第 2 章和第 3 章分析的基础上，对我国城镇居民家庭是否参与金融市场的影响因素进行实证研究。本章共包括

9

4 个部分：①利用 CHFS 在 2011 年和 2013 年的两轮家庭金融调查数据，对城镇居民家庭不同种类金融市场的参与率、不同因素与金融市场参与率的关系进行探索性描述统计分析，在初步识别不同因素对居民家庭金融市场参与的影响的基础上，结合已有理论分析，选择影响城镇居民家庭金融市场参与的因素；②在第一部分分析的基础上，选取相应的影响因素变量，构建城镇居民家庭金融市场参与的 Logit 模型；③对 Logit 模型的估计方法和检验方法进行概述，为实证研究奠定方法论基础；④利用极大似然法对城镇居民家庭金融市场参与模型进行估计，对参数估计结果进行计量经济学检验，对模型估计结果进行稳健性检验，最后结合相关理论对实证结果进行解释和分析。

第 5 章：对影响我国城镇居民家庭金融资产持有量的因素进行实证分析。本章主要包括 4 个部分的内容：①基于 CHFS 在 2011 年和 2013 年的调查数据，对我国城镇居民家庭各类金融资产的持有量、不同因素与家庭金融资产持有量的关系进行探索性描述统计分析，在初步识别不同因素对家庭金融资产持有量的影响的基础上，选择影响我国城镇居民家庭金融资产持有量的因素；②在第一部分分析的基础上，选择具体的变量并对变量赋值进行说明，进而构建影响家庭金融资产持有量的 Tobit 模型；③探讨 Tobit 模型的适用条件、估计方法和检验方法，为本章的实证研究奠定方法论基础；④采用极大似然法对模型进行估计，对参数估计结果进行计量经济学检验，对模型估计结果进行稳健性检验，最后结合相关理论对实证结果进行解释和分析。

第 6 章：对我国城镇居民家庭金融资产配置结构及其影响因素进行实证分析。本章主要共包括 3 个部分的内容：①利用

CHFS 在 2011 年和 2013 年的两轮家庭金融调查数据，对我国城镇居民家庭各类金融资产占家庭金融资产的比重、不同因素与金融资产结构的关系进行探索性描述统计分析，在初步识别不同因素对家庭金融资产结构的影响的基础上，结合已有的理论分析，选择影响我国城镇居民家庭金融资产配置结构的因素；②在第一部分分析的基础上，选取具体的变量指标，构建影响我国城镇居民家庭金融资产配置结构的 Tobit 模型；③对家庭金融资产结构模型进行估计，对参数估计结果进行计量经济学检验，对模型估计结果进行稳健性检验，最后结合相关理论对实证结果进行解释和分析。

第 7 章：利用 CHFS 在 2011 年和 2013 年的两轮调查数据，实证检验社会网络与家庭金融资产选择的关系，并构建影响机制模型，识别可能的影响渠道。本章主要包括 3 个部分的内容：①首先对社会网络的度量进行说明，并定义正规风险性金融资产的含义，在变量定义的基础上，对社会网络和家庭风险性金融资产进行探索性描述统计。②选择相应变量，构建社会网络与家庭金融资产选择的关系的计量经济学模型。③估计社会网络影响家庭金融资产选择模型，对参数估计结果进行计量经济学检验，对模型估计结果进行稳健性检验；构建影响机制模型，检验社会网络影响家庭金融资产选择的可能渠道，最后结合相关理论对实证结果进行解释和分析。

第 8 章：综合全书各章的研究结果，得出主要结论，并提出针对性的对策建议，指出本书在我国家庭金融资产选择研究上存在的不足，展望该领域未来的研究趋势。

1.4 研究方法与数据来源

1.4.1 研究方法

本书主要采取理论研究与实证研究相结合的方法，在理论研究的基础上，利用家庭微观调查数据，重点进行微观实证研究。

1. 理论研究方法

本书在理论研究上，先对研究涉及的相关概念进行界定；然后剖析家庭金融资产形成的原因，从定性的角度对影响家庭金融资产选择的因素进行分析。值得注意的是，如果没有高质量的家庭金融调查数据作为支撑，纯理论的定性分析必然存在一定的缺陷。因为理论分析中影响家庭金融资产选择的因素众多，但并不是所有的因素都符合我国居民家庭金融资产选择的实际情况，这就需要在建模的过程中剔除掉部分变量，同时增加一些符合中国国情的因素。因此，理论分析只是我们为后续的实证分析所做的基础性铺垫工作。

2. 实证研究方法

本书分别对城镇居民家庭金融市场参与、家庭金融资产持有量和配置结构的影响因素进行实证研究，并检验了社会网络对居民家庭金融资产选择的影响及其作用机制。

需要特别注意的是，在家庭金融资产选择的实证研究中，早期文献一般采用简单的多元线性回归模型，或者以某一个变量进行分组，分析分组变量对家庭金融资产选择的影响，很少考虑因变量的分布特点和自变量的内生性问题。例如：家庭金融市场参与、家庭金融资产持有量与配置结构作为因变量，都存在取值受限问题，直接采用多元线性回归得到的结论将是有偏的。本书使用的家庭金融调查数据中，家庭持有的定期存款余额、股票账户余额、股票市值、债券面值、基金市值等数据在 100 万以上均出现了右侧截尾的情况。与此同时，很多家庭在某类金融资产上的持有量为 0，出现了左侧截尾的情况。虽然 CHFS 在 2011 年和 2013 年的调查中获得全部的观测数据，但对于某些观测数据，被解释变量被压缩在了一个点上。此时，被解释变量的概率分布就变成了由一个离散点与一个连续分布所组成的混合分布。在这种情况下，如果仍然使用传统的 OLS 方法（普通最小二乘法）进行估计，无论使用的是整个样本，还是去掉离散点后的子样本，都无法得到一致的估计。因此，在模型选择上，普通的多元线性模型在处理受限因变量数据时存在缺陷，而二元离散模型和缩尾模型可以有效地解决这些问题。此外，本书在模型构建过程中考虑了核心变量可能存在的内生性问题。综合来看，本书选取 Logit 模型、Probit 模型、Tobit 模型、IVProbit 模型和 IVTobit 模型进行估计，以获得比以往研究更加准确的估计结果。

除了理论和实证研究方法，本书还采用比较分析方法，对国内外家庭金融资产选择的文献进行比较分析，发现国内外研究存在的不足。在研究内容上采用系统分析方法，从家庭金融资产的概念界定到对家庭金融市场参与率、家庭金融资产数量与结构现状的分析，再到影响参与率、数量和结构的各种因素的经验研究，最后提出针对性的政策建议，在内容上形成一个相互联系的系统。

1.4.2 数据来源

家庭金融资产选择的核心问题是家庭如何在不确定条件下通过金融资产配置实现其财富的最大化。家庭金融领域的实证研究离不开高质量的家庭微观数据库。遗憾的是，我国长期缺乏家庭金融的微观调查数据，导致对家庭金融资产选择行为的实证研究很少。为了弥补数据上的缺陷，西南财经大学中国家庭金融调查与研究中心计划在全国范围内以家庭为单位进行持续调查，为学术研究和政策制定建立一个供参考的真实、客观、有效的家庭微观金融数据库。本书所使用的数据如未做特别说明，均来自西南财经大学中国家庭金融调查与研究中心在 2011 年和 2013 年进行的两轮全国性调查。CHFS 的调查通过收集家庭的资产与负债、收入与支出、保险与保障、人口与就业等方面的信息，全面追踪家庭的动态金融行为。目前，CHFS 的调查已完成 3 轮（2011 年、2013 年和 2015 年）数据采集和清理工作，调查家庭样本分别为 8 438 个、28 141 个和 37 289 个①。

Campbell（2006）提出了评判数据库质量的五大标准：①数据的代表性；②资产类别的完备性；③资产的具体性；④数据的准确性；⑤数据的持续性。接下来，本书将基于 Campbell 提出的数据质量评估标准介绍 CHFS 数据库。

1. 数据的代表性

数据的代表性是指数据样本具有人口整体分布的代表性，尤其是年龄和财富，因为很多金融行为与其息息相关。抽样设计是保证数据代表性的关键步骤。CHFS 采用了整体抽样和末端抽样结合的方法。在整体抽样上，CHFS 采用分层、分阶段与人口规模成比例

---

① 截至本书完稿，CHFS 的 2015 年调查数据还没有正式公布，所以本书选取 2011 年和 2013 年的调查数据进行实证分析，这也是本书的一个遗憾之处。随着新的追踪数据的开放，我们也将进行跟进性的研究。在此，特别感谢西南财经大学中国家庭金融与调查中心无偿提供数据支持，感谢参与历次调查的访员和工作人员的辛勤付出。

（PPS）的方法。以 2011 年的抽样为例，初级抽样单元（PSU）为全国除西藏、新疆、内蒙古、宁夏、福建、海南和港澳台地区之外的 25 个省份，2 585 个县（含县、县级市、区，以下统称县）。

CHFS 的调查，首先，从 PSU 中抽取县，将 PSU 按照人均 GDP 分为 10 层，在每层中按照 PPS 抽样方法抽取 8 个县，得到 80 个县；其次，在每个被抽中的县内，按照非农业人口比重随机抽取 4 个村（居）委会；最后，在每个被抽中的村（居）委会中，按照社区住房价格对高房价地区进行重点抽样，确定家庭户数（20~50 个）。在每个被抽中的家庭中，CHFS 对符合条件的受访者进行访问，得到具有全国代表性的 8 438 个家庭样本和 29 324 个个人样本。

为了得到 2013 年省级层面的代表性数据，CHFS 在 2011 年抽样的基础上遵循 PPS 原则扩大抽样框，最终涵盖除西藏、新疆和港澳台地区之外的 29 个省份、262 个县和 1 048 个村（居）委会，共计 28 141 个家庭样本和 97 916 个个人样本。为了得到 2015 年副省级层面的代表性数据，CHFS 在 2013 年的基础上继续扩大抽样框，最终涵盖除西藏、新疆和港澳台地区之外的 29 个省份、363 个县和 1 439 个村（居）委会，共计 37 289 个家庭样本和 125 248 个个人样本。

末端抽样是确定住户具体地址的抽样方法，基于绘图员的绘图工作生成的住户清单列表并采用等距抽样的方法进行，抽样间距等于住户清单总数除以计划抽取户数。先确定一个随机起点，随机起点所指示的住户为第一个被抽中的住户；然后，第一个被抽中的住户加上抽样间距，即为第二个被抽中的住户，依此类推，直至抽满计划抽取的户数。另外，由于每户家庭被抽取的概率不同，在推断总体的时候，根据每个县被抽中的概率 P_1，每个村（居）委会在县里被抽中的概率 P_2，每个家庭在村（居）委会被抽中的概率 P_3，计算每户家庭代表的家庭数量为 $swgt = l/(P_1P_2P_3)$，即每户家庭的抽样权重。

　　CHFS 数据在人口年龄结构和人口统计学特征等方面都与国家统计局公布的数据接近，且 CHFS 数据的抽样误差非常小。表1.1 显示，在人口年龄结构方面，中国家庭金融调查数据与国家统计局数据 2010 年人口普查结果非常接近。

表 1.1　2011 年 CHFS 调查与 2010 年

人口普查在人口年龄分布上的对比

调查类型	人口年龄分布/岁								
	0~9	10~19	20~29	30~39	40~49	50~59	60~69	70~79	80 以上
所占比例（人口普查）/%	11	13	17.1	16.2	17.3	12	7.5	4.3	1.6
所占比例（CHFS 调查）/%	9.3	10.4	15.9	15.2	17.2	14	10.3	5.4	2.3

数据来源：CHFS2011 调查和国家统计局 2010 年人口普查结果。

　　在人口统计学特征方面，表 1.2 显示，中国家庭金融调查各项指标与国家统计局 2010 年人口普查的结果也都比较接近，这表明 CHFS 抽样调查数据具有很好的代表性（甘犁 等，2012）。

表 1.2　2011 年 CHFS 调查与 2010 年

人口普查在人口统计学特征上的对比

调查类型	人口统计学特征					
	城市人口比例/%	城镇户籍人口占比/%	城市家庭规模/人	农村家庭规模/人	平均年龄/岁	男性比例/%
人口普查	51.3	34.2	2.89	3.98	36.87	51.4

表1.2(续)

调查类型	人口统计学特征					
	城市人口比例/%	城镇户籍人口占比/%	城市家庭规模/人	农村家庭规模/人	平均年龄/岁	男性比例/%
CHFS调查	49.7	36	3.04	3.78	38.96	50.5

数据来源：CHFS2011调查和国家统计局2010年人口普查结果。

2. 资产类别的完备性

资产类别的完备性是指获取每个家庭的总财富及财富的各项分类数据。CHFS在调查家庭的资产状况时，总资产既包括家庭农业资产、工商业资产、房屋资产、汽车资产、耐用品和奢侈品等非金融资产，也包括现金、存款、股票、债券、基金、金融理财产品及衍生品、外币、贵金属等金融资产。对于每一类资产，受访者都会被询问是否拥有，如果有则继续被询问更多的信息。比如，房产信息包括是否租房、是否拥有房产、产权性质、购买成本、当前估值、居住面积、是否计划购房等；股票信息包括是否拥有股票账户、是否交易、投入资金规模、炒股年限、盈亏情况等。对于股票、基金和银行理财这些主要的金融资产类别，如果受访者未持有，还会被问及未持有的原因。此外，为了尽量不遗漏受访家庭持有的所有资产，受访家庭除了逐一回答问卷标明的资产类别，还会被询问是否拥有其他类别金融资产或非金融资产。CHFS数据具有较好的资产类别完备性，为学者研究家庭大类资产配置问题提供了便利。

3. 资产的具体性

资产的具体性是指资产类别划分的细致程度，每类资产理应包含每个家庭持有的所有具体资产，从而可分析家庭资产的多元化配置问题。最理想的情况是能够了解到家庭在每类资产下的具

17

体配置，但极少有数据能够反映这一点，尤其是抽样调查。对于房产，CHFS 问卷询问了家庭持有的房产套数及价值，并且会问及前三套房产的具体信息；对于股票，CHFS 问卷询问了家庭持有的股票数量及价值等基本信息，但尚不清楚这些股票的代码、类别、仓位等具体信息；对于基金，CHFS 问卷询问了家庭持有基金的种类、投资规模、盈利情况等基本信息，但没有这些基金的配置情况。扩展数据库信息的一种办法是在原有调查问卷基础上大幅增加有关股票、基金等金融资产配置的详细问题，但这样做的执行成本较高，并且很可能会导致受访户疲惫，进而影响数据质量；另一种办法是尝试从证券交易所获得受访者的投资交易数据，但受限于数据敏感性和安全性，通常难以获得。

4. 数据的准确性

为了获取高质量的数据，中国家庭金融研究中心在校内招募具有金融学和经济学专业背景的访员，在正式调研前对所有访员进行了针对性的问卷培训，确保访员能够准确理解问卷内容。在入户调查过程中，为了实时了解调研质量情况，调查中心会对访员的访问情况进行抽样检查。在面访调查结束后，为了减少调查过程中产生的误差，一旦调查中心对访员获得的信息有疑问，就会对受访户进行电话回访，确认调查信息的准确性。依托专业、训练有素的组织管理团队，CHFS 在调查实施的前、中、后期都形成了成熟的操作流程，从抽样设计，到调查执行，再到质量控制等方面，都遵循了规范、客观、公正的原则，充分保证了数据质量。

调查数据质量依赖于受访户接受调查的意愿和回答问题的准确性。国际上通用的计算拒访率的公式为：拒访率=拒访户数量/（拒访户数量+接受访问户数量）。一般而言，城市地区比农村地区拒访率高。表 1.3 列出了 CHFS 在 2011—2015 年三轮调查中的拒访率。相比其他可公开获得的国内外调查，CHFS 的拒访率处于很低的水平。

表 1.3　CHFS 在 2011—2015 年三轮调查的拒访率　单位:%

范围	2011 年调查	2013 年调查	2015 年调查
城市	16.5	15.4	14.1
农村	3.2	0.9	1.2
全国	11.6	10.9	10.8

数据来源：https://chfs.swufe.edu.cn/yanjiuchengguo.aspx（CHFS 官方网站）。

即使愿意接受访问，受访者也可能拒绝回答某些问题。比如，在 1995 年的 SCF（美国消费者金融调查）数据中，64%的股票持有者告知了股票投资的具体额度，21%的股票持有者告知了股票投资额度的范围，15%的股票持有者根本没有提供任何信息（Campbell，2006）。对于拒绝回答的情况，采取的办法是让受访户选择回答资产规模的范围，或者通过追问方式缩小回答的范围（Juster et al.，1997；Juster et al.，1999）。CHFS 也采用这种方法，有效地提高了数据质量。例如，在询问家庭持有的所有存款市值时，如果受访户回答的额度为整数值，访员会采取中位数法获取更准确的数据；如果受访户拒绝回答，访员则会给出若干范围的选项供其选择。2015 年 CHFS 数据显示，85%的受访户回答了具体额度，9%的受访户回答了范围，只有 6%的受访户没有提供任何信息。

5. 数据的持续性

数据的持续性是指数据库要持续追踪调查居民家庭，从而获得面板数据，因为面板数据要好于截面数据，能够控制不随家庭

19

变化的异质性，获得更加可靠的实证研究结果。CHFS 是追踪调查数据，每轮调查除了老样本还有新扩样本。2011 年 CHFS 家庭样本8 438户，其中农村样本 3 245 户（其中有一户缺少信息，所以实际只有 3 244 户的信息），城镇样本 5 193 户。2013 年家庭样本总量为 28 141 户，追踪到 2011 年的老样本为 6 846 户，其中农村样本 2 406 户，城镇样本 4 440 户。2015 年 CHFS 家庭样本总共有 37 289 户，追踪到 2013 年的老样本数为 21 775 户，其中农村样本 8 027 户，城镇样本 13 748 户；连续追踪 2011 年和 2013 年两轮调查的样本数为 5 753 户，其中农村样本 2 176 户，城镇样本 3 577 户。这些数据可以帮助我们更好地掌握家庭资产配置随时间的调整和变化。

综上所述，CHFS 抽样设计的规范性、调查执行的标准性、质量控制的严格性确保了其数据的有效性和高质性，也确保了本书研究的客观性和公正性。CHFS 以家庭为单位进行数据采集，识别家庭的原则为共享收入或共担支出。针对每个家庭，CHFS 不仅详细询问了家庭成员的人口特征、工作状况和保险保障情况，还详细询问了家庭每一类的资产、负债、收入、支出状况，这为本书分析中国家庭资产投资组合的风险提供了强有力的支撑。对 CHFS 数据的详细介绍参见甘犁（2012）的研究文献和《中国家庭金融调查报告·2014》。

本书试图分析影响我国城镇居民家庭金融资产选择的因素及其可能的作用机制，出于以下两个方面的考虑，本书更适合采用截面数据进行分析：①第 4 章、第 5 章和第 6 章试图分析家庭特征变量和户主特征变量对家庭金融资产选择的影响，这些变量在家庭层面具有稳定性；②第 7 章试图分析社会网络对家庭金融资产选择的影响，社会网络变量在短期内不太可能发生太大的变化（周晔馨，2012；周广肃 等，2014）。因此本书的实证分析部分更适合采用截面数据，而不是面板数据。为了充分利用 2011 年和 2013 年的数据，我们在描述性统计部分做了两个年度的对比分析，在实证检验部分利用这两年的数据进行稳健性检验。

本书将样本控制在城镇地区主要出于两个考虑。一是中国农村和城市的家庭结构和金融资产选择行为差异较大。如在农村样本中，绝大部分家庭从事农业生产，只有少数从事工商业。城市家庭中大部分为工薪阶层，仅有少数家庭从事工商业。二是金融投资环境上的差异。相对于农户而言，城市家庭有房屋产权，可以用住房公积金、抵押贷款等融资方式进行投资。同时，城市家庭在医疗保险和社会保障等方面都和农户有很大的区别。为了避免因城乡差异所产生的异质性影响估计结果，本书着重分析社会资本对城镇居民家庭金融资产选择的影响，剔除重要变量遗失的情况和异常值后，2011 年的城镇居民家庭样本量为 4 942 户，2013 年为 18 532 户。由于 2013 年 CHFS 扩大了样本规模，变量具有更小的方差，因此数据的稳定性和代表性更好。

1.5 研究思路

本书的研究思路包括以下步骤：

第 1 步，对国内外有关家庭金融资产选择的文献进行总结和梳理，并针对当前研究存在的不足提出本研究的方向。本书基于理论分析，定性探讨影响我国家庭金融市场参与率、家庭金融资产配置数量与结构的因素，对我国家庭金融资产形成的原因和各种影响因素进行理论解释，对本书涉及的核心概念进行界定，明确模型构建中变量选择和数据处理的大方向，为后续实证研究奠定基础。

第2步，采用CHFS提供的家庭金融调查数据对我国城镇居民家庭金融资产选择行为进行探索性分析，包括对家庭各类金融资产选择的现状进行描述性统计分析和分组统计分析，初步了解家庭特征变量对家庭金融市场参与率、金融资产持有量和配置结构的可能的影响。在此基础上，本书选择适当的指标分别构建家庭金融市场参与率模型、家庭金融资产数量模型和家庭金融资产结构模型，为后续的计量经济分析奠定方法论基础。

第3步，分别对家庭金融市场参与率模型、家庭金融资产数量模型和家庭金融资产结构模型进行实证研究，采用相应的估计方法对计量模型进行估计，对估计结果进行稳健性检验，对变量系数的估计结果进行计量经济学和统计学检验，并基于相关理论对估计结果进行解释和分析。

第4步，考察转型期影响中国居民家庭金融资产选择的特殊因素，在考虑内生性问题的基础上，实证检验"关系"对家庭金融资产选择的影响，识别其可能的影响机制和作用渠道，并对估计结果的稳健性进行检验和经济解释。

第5步，基于理论分析和实证研究的结论，总结本研究的主要结论和启示，提出有针对性的政策建议，指出本研究存在的不足和该领域未来的研究趋势。

1.6 创新之处

本书试图在以下几个方面取得突破：

（1）在研究视角上，国内已有的研究大多从宏观角度考察居民家庭金融资产选择行为，从总量视角分析家庭在资产选择上的现状与未来趋势，进而探讨宏观经济变量与现状的关系。由于富裕家庭对宏观变量有非常大的影响，在贫富差距扩大的背景下，基于宏观视角的研究结论不能代表整个社会中大多数家庭的资产选择和偏好。本书试图利用中国家庭金融调查数据，从家庭微观视角考察家庭金融资产选择行为，深入系统地考察一般性因素和特殊因素对家庭金融市场参与率、金融资产持有量与金融资产配置结构的影响，弥补宏观视角研究的不足。

（2）在研究方法上，已有的研究方法单一，大部分文献以理论推演为主，少量实证研究也只是简单地使用描述性统计和多元线性回归方法，对数据信息的挖掘存在极大的局限性。在模型构建过程中，考虑的因素不全面，模型的统计检验也不够严谨，经常出现不同学者在研究同一时期同一问题时得出相反结论的现象。本书采用中国家庭金融调查的专题数据，根据原始调查数据的特点和对内生性问题的讨论，选取相应的计量分析模型，在计量经济学理论的指导下对模型进行参数估计和计量经济学检验，基于家庭金融资产选择理论对估计结果进行解释，以实现内部自洽性与外部自洽性的统一。

（3）在数据来源上，已有的研究使用的数据不够细致全面，普遍缺乏家庭层面的全国性数据。纵观家庭金融领域的研究，国内学者主要利用调查访谈数据和交易账户信息，对家庭金融市场参与、金融资产配置及交易行为等问题进行研究。长期以来，我国家庭金融研究存在的主要问题之一就是缺乏一个类似于美国消费者金融调查那样的数据库，由于无法获得反映家庭人口统计特征和家庭金融资产配置细节的微观家庭数据,相关研究所使用的样本大多缺乏代表性,指标设计也不够细致全面,难以深入考察家庭金融资产配置行为。为了弥补数据上的缺陷,西南财经大学中国家庭金融调查与研究中心(CHFS)从 2011 年开始在全国范围内以家庭为单位进行持续调查,为学术研究和政策制定建立一个真实、客观、有效的家庭微观金融数据库。本书将使用 CHFS 在 2011 年和 2013 年的两轮全国性调查数据,对我国城镇居民家庭的金融资产选择问题进行全面深入的研究,以弥补已有文献在数据收集和处理上的不足。

(4)在研究广度上,早期文献使用的大多是宏观数据,无法考察诸如年龄、收入状况、受教育程度等变量对家庭金融资产选择的影响。此外,宏观总量数据容易受到少部分特别富裕人群的影响,基于宏观数据得到的结果不能代表占全社会绝大多数的普通家庭的偏好和选择。近年来,逐渐有学者开始使用家庭金融资产的抽样数据进行规范的实证分析,但是这些研究普遍存在两个问题:一是对影响家庭金融资产选择的因素考虑不全面,在模型构建时遗漏一些关键变量,而这些关键变量的缺失有可能导致遗漏变量偏误,影响估计结果的可信性;二是已有研究大多只关注家庭金融资产选择问题的某一个方面(金融市场参与率、金融资产持有量和金融资产配置结构的某一个方面),研究结论无法全面反映家庭金融资产选择的特点。本书试图弥补以上不足,分别构建家庭金融市场参与模型、家庭金融资产持有量模型和金融资产配置结构模型,全面剖析家庭金融选择行为,以丰富和拓展我国家庭金融资产研究领域的成果。

在研究的深度上,已有的研究大多考察家庭特征变量和户主特征变量等一般性因素如何影响家庭金融资产选择，缺乏对转型期中国家庭金融资产选择的特殊性的考察，对属于中国国情的特殊因素的考察重视不够。本书试图弥补这种不足，基于新时期中国社会、经济和文化的特点，检验"关系"如何影响家庭金融资产选择行为，对其可能的作用机制进行研究，深化我们对中国居民家庭金融资产选择行为的理解。

2　国内外文献述评

2.1　国外文献述评

家庭金融资产选择是家庭对一种或几种金融资产产生需求偏好和投资倾向，进而持有的行为，家庭金融资产选择理论主要研究家庭可供选择的资产种类和资产配置的决定因素。在现实生活中，家庭同时面临两个决策：一是决定收入如何在消费和储蓄间进行分配，二是决定家庭经济资源如何在实物资产和金融资产间进行分配。本研究主要关注家庭的第二个决策，重点研究家庭如何在不同风险与收益组合的各类金融资产之间进行投资决策。本节将对国外有关家庭金融资产选择的研究成果进行梳理，主要从两个方面展开：一是对家庭金融资产组合的有关理论进行梳理，二是对家庭金融资产选择的扩展性研究进行综述。

2.1.1　资产组合理论

1. 现代资产组合选择理论

Markowitz（1952）建立的均值-方差模型奠定了现代资产组

合理论的基础，该模型假设投资者只关心每种资产的预期回报（期望）和风险（方差），以及资产回报之间的协方差。在此假设的基础上，他指出有效投资的标准是在给定风险条件下追求期望收益的最大化，或在给定期望收益条件下追求风险的最小化。进一步地，其研究表明资产组合能够降低非系统性风险，在不确定条件下，家庭进行分散化投资是最优选择。Tobin（1958）提出了著名的"两基金分离定理"，进一步完善了投资组合选择理论。Tobin 认为，所有经济人的资产组合（一种无风险资产和唯一的风险资产）是相同的，个人流动性风险偏好的差异决定了风险资产在资产组合中的比例。Sharpe（1964）将有效市场理论与均值-方差模型结合，提出在一般均衡框架中以理性预期为基础的投资者行为模型，即资本资产定价模型（capital asset pricing model，CAPM）。CAPM 揭示了证券市场上的非系统风险可以通过投资的分散化消除，而系统风险却无法消除，并对预期收益产生影响。

以上三个模型：均值-方差模型、两基金分离定理的模型和 CAPM 模型都是静态模型，不涉及家庭进行跨期消费—储蓄的问题。事实上，投资者不仅要考虑其资产组合的当前收益，还关心以后若干时期可能出现的情况。Samuelson（1969）和 Merton（1969）最早考虑了连续时间下的最优消费—投资组合决策问题，提出了无风险债券与风险股票的投资决策模型。根据他们的模型，投资者应该将一定比例的财富投资于所有的风险资产，投资者的最优风险资产持有比例独立于年龄、财富、投资期限等变量，仅由投资者的风险厌恶程度决定。在 Samuelson（1969）和 Merton（1969）的模型中，假设投资者的相对风险厌恶水平不变且为常数。但实际上，投资者的风险厌恶水平与家庭的财富、年

28

龄以及收入等因素相关。实证研究表明，随着家庭财富水平的提高，投资者的风险厌恶水平会下降，导致其持有风险资产的比例增加。以上传统的资产选择理论以理性人、完全市场和标准偏好为前提假设。基于以上假设，家庭投资比例仅取决于投资者的风险偏好，所有投资者都会将一定比例的财富投资于所有股票。

2. 家庭资产配置的多元化

家庭资产配置的多元化多指股票投资组合的多元化。Markowitz（1952）的经典投资组合理论认为，投资者可以通过多元化投资的方式降低金融市场带来的风险，进而减小投资组合风险，但在现实中，多个国家存在着"多元化之谜"的现象，这主要表现为3点。第一，多数家庭持有较少的股票。Kelly（1995）使用早期美国消费者调查数据（SCF）研究发现，多数持股家庭仅持有一支上市公司股票。而30多年来，美国散户投资者的实际的多样化投资数量一直比最优投资组合的规模小（Polkovnichenko，2005；Goetzmann et al.，2008；Dimmock et al.，2016）。其他国家如德国、瑞典和土耳其（Dorn et al.，2009；Anderson，2013；Fuertes et al.，2014）也存在类似的问题。Statman（1987）指出理论上投资者持有的股票数量应为30~40只，但在中国，每个股民平均仅持有3.2只股票。第二，家庭大多持有本地的股票。来自经纪人账户的数据表明，个人投资者的地区偏好很强烈（Zhu，2002），一些投资者更喜欢持有当地电信公司的股票（Huberamn，2001）；而中国投资者不仅喜欢持有在本地上市的股票，更倾向于持有在本地交易的公司股票（Feng et al.，2004）。第三，家庭多持有雇主公司的股票。Mitchell 和 Utkus（2003）研究发现个人投资者更偏好持有与401（k）退休储蓄账户相关的雇主公司股票。即使抛开雇主政策因素，个人投资者也会倾向于持有雇主公司的股票，而不是多样化投资（Benartzi，2001）。

学者们主要从 4 个方面解释了家庭股票投资的非多元化现象。第一，市场成本。交易费用、信息成本等因素是导致家庭投资单一化的原因之一，交易费用越高，投资组合的多元化越低（Rowland，1999），而昂贵的信息成本也会使投资者集中投资少数股票（Nieuwer et al.，2009）。第二，投资者偏好。Golec 和 Tamarjin（1998）、Barberis 和 Huang（2008）的研究发现，投资者会对某类行业或某种类型的股票有偏好，这会导致其投资的单一性。另外，投资者还偏好相关性很强的股票，或是自己熟悉领域的股票（Huberman，2001）。第三，行为金融。不同投资者的行为偏好也影响到其投资的多元化程度。不同学者从过度自信（Barber et al.，2001；Polkovnichenko，2005；Fuertes et al.，2014）、歧义厌恶（Dimmock et al.，2016）和窄框架（Xie et al.，2017）等方面进行了探讨。第四，金融知识。金融知识能帮助投资者更好地做出金融决策（Bernheim et al.，2003），因此金融知识水平越高，家庭的投资组合越多样化（Guiso et al.，2008；Abreu et al.，2010；曾志耕 等，2015）。

3. 家庭资产配置的有效性

Markowitz（1952）的均值-方差理论模型被广泛认为是进行资产配置的黄金标准。首先，理性投资者的投资组合都应该处于有效边界上，处于有效边界上的每一个投资组合都能够在给定预期收益的前提下使风险最小化，或者在给定风险的前提下使收益最大化；其次，每个投资者都有一个期望效用函数和风险厌恶系数，因此有不同的无差异曲线；最后，无差异曲线和有效边界的切点组合就是最适合、最有效的投资组合。

在实际研究中，学者们尝试将理论和实践相结合，主要聚焦3个方面。第一，投资组合有效性的衡量方法。一些学者基于有效前沿衡量家庭资产组合的有效性（Gourieroux et al.，1999；Flavin et al.，2002；Pelizzon et al.，2008）；另外一些学者认为夏普比率在一定程度上也可以反映投资组合的有效性（Gourieroux et al.，2005；Pelizzon et al.，2008；吴卫星 等，2015）。第二，投资组合的范围。一些学者仅考虑流动资产的组合有效性（Gourieroux et al.，1999；Grinblatt et al.，2011）；另一些学者认为，投资组合的风险不仅来自金融市场，还与房市相关（Flavin et al.，2002），且把房市纳入投资组合后，家庭的投资组合有效性会发生显著变化（Pelizzon et al.，2008）。第三，影响投资组合有效性的家庭特征。学者们研究发现，高 IQ 的投资者（Grinblatt et al.，2011）的资产组合更有效；"非多元化"和"有限参与"降低了家庭投资组合的有效性（Calvet et al.，2007）；户主已婚、高学历、家庭财富水平高也会使投资组合更有效（吴卫星 等，2015）。

2.1.2　家庭金融资产选择研究的扩展

国外学者早期主要采用纯理论推导的方式对家庭金融资产选择进行研究，如 Poapst 和 Waters（1963）根据理论推断出，影响加拿大个人投资方式的因素包括金融产品的数量、专业投资咨询服务的便利程度、金融投资选择的时间成本、总收入水平、家庭所意识到的责任感、居民所处的地域等。但由于纯理论的推导没有得到数据的支持，研究结论的可信度受到怀疑。

随后，国外大批学者开始对家庭金融资产选择问题进行了实证建模研究。建模思路主要有两种：理论导向型和数据导向型。早期家庭金融资产选择模型的建模思路主要是理论导向型，而近期的研究则多为数据导向型，即将前人已经证实的影响家庭资产选择的因素纳入模型，同时增加新的变量，检验这些新的变量对家庭金融资产选择的影响是否显著。

在贫富差距过大、收入分配不均的情况下，少数富有的家庭可能持有整个社会绝大部分的金融资产，使用宏观数据考察家庭金融资产的社会平均构成比例会与众数有所偏差，基于微观数据研究得出的结论与基于宏观数据的研究结论也会有很大差异。因此，大部分西方学者在实证研究中倾向于采用家庭微观数据，主要从人口特征属性、行为金融学特征、人口摩擦因素和非金融资产的挤出性效应四个方面分析不同因素对家庭金融资产总量和配置结构的影响，这种方法为进一步研究家庭金融资产选择问题提供了一条比较清晰的思路（高明 等，2013）。

1. 人口特征属性

人口特征属性主要包括年龄、性别、健康状况、受教育程度和家庭收入状况等因素。Brunetti 和 Torricelli（2010）研究了1995—2006 年意大利人口年龄结构与家庭金融资产的关系，发现年龄因素会影响意大利家庭的金融资产选择，随着年龄的增长，家庭持有的金融资产呈驼峰状分布。Cocco 等（2001）认为年龄对家庭金融资产配置有显著的影响，老年人会逐渐减少对风险性资产的需求。此外，工资收入的不确定性会对家庭金融资产选择产生两种效应：财富效应和替代效应。财富效应源于工资收入的提高增强了家庭抵御风险的能力，从而导致家庭金融资产组合中风险资产增加；而替代效应表现为当家庭面对较大工资收入风险时，对股票的需求将减少，但是这一效应的影响很小，最终工资收入对家庭金融资产的财富效应起决定性的作用。Benzoni 等（2007）、Sharma（2010）、Bagliano 等（2012）分别研究了工资收入与持有股票数量的关系、印度农村居民收入对其资产组合的影响，以及持久性收入与资产组合的关系。Vavrous 等（2012）利用 Heckman 模型，研究了工资收入的差异对捷克家庭金融资产选择的影响，发现家庭金融资产组合不仅在不同工资收入的蓝领工人之间没有显著的差别，而且在不同工资收入的白领、农场主家庭、农业雇员群体内部也无明显差别。Atella 等（2012）认为，人们自己所感受到的自身健康状况比其实际的健康状况更容易影响其资产配置。

Love 等（2010）研究了健康状况与资产组合是否有相关性，发现健康状况对单身家庭资产组合没有明显的影响，而对已婚家庭资产组合有较小的影响。Atella 等（2012）使用 SHARE 数据库研究了欧洲国家当前健康状况、未来健康风险对家庭持有风险性资产的影响。结果发现，未来的健康风险只有在卫生保健体系不完善的国家才对家庭金融资产组合造成影响。

Agnew 等（2003），Guiso 等（2000），Faig 和 Shum（2002）认为不同国家的人口统计特征（性别、婚姻状况、年龄等因素）会对家庭金融资产选择产生不同程度的影响。在英国，性别、年龄和总财富会显著影响家庭金融资产选择；在美国，年龄、财富与家庭风险资产所占比重呈正相关关系；在韩国和日本，年龄、婚姻状况、受雇情况以及抚养小孩的情况对家庭金融资产选择都有影响。

Coile 和 Milligan （2009） 利用 HRS 数据库研究美国家庭退休以后的金融资产组合状况，发现随着年龄增长、健康状况的恶化，居民会减少对金融资产的持有。Cardak 和 Wilkins （2009）利用 HILDA 数据库研究了澳大利亚的家庭对风险资产的持有状况，发现收入、健康状况、年龄等都会影响家庭对风险性金融资产的持有。Nalin （2013） 的研究发现，家庭的收入、受教育状况、职业、居住地点、家庭规模大小能有效地解释土耳其家庭金融资产的变动。

2. 行为金融学特征

行为金融学特征主要包括投资者的有限理性、信任度和预期等因素。Guiso 等 （2008） 的研究发现，家庭投资者在决定是否购买股票时受到信任度的影响，信任度低的投资者不愿意持有或者持有的股票份额比较低。Cardak 和 Wilkins （2009） 发现，缺乏经验和对金融知识的了解不够是家庭不持有股票的原因。Dimmock 和 Kouwenberg （2010） 研究了投资者的损失规避行为对家庭持有股权，以及家庭资产在共同基金与股票之间的分配的影响，发现损失规避行为会更多地降低家庭持有股票的概率，也会对持有共同基金的数量造成一定影响。Barasinska 等 （2012） 利用德国 SOEP 数据库，实证研究家庭风险厌恶程度对金融资产组合的影响，发现风险厌恶的家庭会倾向于持有无风险资产组合；是否需要增加资产的持有量则取决于该资产的流动性和安全性。Gerhardt 和 Meyer （2013） 研究了个人投资组合报告对家庭参与金融资产投资的影响，发现接收并阅读了投资报告的个人投资者会更加积极地参与金融投资行为。

3. 市场摩擦因素

市场摩擦主要包括借贷约束、卖空约束、交易成本和信息不对称等因素。Guiso 和 Luigi（2002）发现，由于进入股市存在固定成本，因此投资者财富越多，从股票投资中可得的效用越有可能弥补进入股市的固定成本，进而越有可能持有风险性证券，而贫穷的投资者不投资股票是明智的。Maela Giofré（2008）研究了欧洲四个国家（法国、意大利、西班牙、瑞典）的家庭投资组合情况。结果显示，家庭资产组合更容易受到距离、股票市场的透明度等因素的影响，个人投资者相对于机构投资者更容易受到信息不对称性的影响。Kapteyn 和 Teppa（2011）认为固定成本从经济和统计两方面显著地解释了家庭资产组合不完善的原因。Roche 等（2013）发现，由于保证金以及借贷等金融方面的限制，年轻家庭的财富较少，持有的金融资产比较单一。

4. 非金融资产的挤出效应

房产作为家庭财产的重要组成部分，虽然不属于家庭金融资产，但是它对金融资产的配置有重要的影响。Cocco 等（2005）发现房产排挤了投资者对于股票的持有，特别是年轻的投资者和低收入家庭。Blow 和 Nesheim（2010）的研究发现，美国家庭的房产占家庭总财富的60%以上，对家庭金融资产选择行为有显著影响。Horneff 等（2010）的研究发现，家庭资产除了用于购买股票、债券以外，还会用于购买延迟年金，从而对家庭持有的其他金融资产产生挤出效应。Mayordomo 等（2014）发现，房产是一种流动性较差的资产，会限制家庭持有的金融资产组合。Goldman 和 Maestas（2013）研究了医疗保险对家庭持有风险资产的影响。结果发现，拥有适度的医疗补充保险和享受雇主额外保险政策的家庭持有的风险性资产，比没有参加额外保险的家庭高出 7.21%。

2.2 国内文献述评

2.2.1 宏观层面

在家庭金融资产研究的早期，国内学者对家庭金融资产选择的研究范围比较窄，研究方向主要集中于储蓄存款方面，研究的目的主要是解释中国的高储蓄率现象。龙志和和周浩明（2000）、臧旭恒和刘大可（2003）等的研究基本上得出了相同的结论：我国高储蓄率的主要原因在于预防性的储蓄动机。包蓓英等（2000）通过设计调查问卷进行访问的形式获取数据，发现影响金融资产结构的重要因素有 GDP、收入以及其他外生变量，诸如政治经济体制、社会保障体系等。经济体制改革进程的加快提高了居民的金融投资意识，从而影响着居民家庭金融资产的结构。刘欣欣（2009）把不确定性纳入对居民金融资产选择行为的分析，说明在制度变迁过程中，资本市场上风险和收益的不确定性是导致居民家庭金融资产结构中资本性资产偏低的重要原因。杨金敏等（2009）认为，中国经济持续快速增长以及中国经济体制变迁导致中国家庭财富快速积累，带动了家庭持有金融资产数量的增长，从而促进了个人理财业务的发展。随着居民对理财业务的总结和相关经验的积累，家庭持有金融资产的结构将发生变化。徐梅和李晓荣（2012）考虑了不同的风险，应用时间序列数据，基于居民现金持有比例、储蓄存款比例和持有股票比例与宏观经济指标建立状态空间模型，分析了不同经济周期宏观经济指标对居民家庭金融资产结构的动态影响，发现不同类型的金融资产对宏观经济指标变动和外部冲击的敏感度是不同的。手持现金比例对 GDP 增长率、CPI 增长率和利率的变化都比较敏感，储蓄存款比例对 GDP 增长率的变化比较敏感，而持有股票比例对宏观经济指标不敏感。

此外，我国城镇居民在股票市场上同样存在"有限参与"的现象，在传统资产选择理论的假设前提下，家庭投资比例仅取决于投资者的风险偏好，所有投资者都会将一定比例的财富投资于所有股票。然而，现实却背离了理论预期，不仅发达市场经济国家（美国、英国、意大利和日本）的股市参与率远低于理论预期，而且发展中国家也存在这一现象。甘犁等（2012）基于 2011年中国家庭金融调查的数据分析得出：中国家庭的股票市场参与率仅为 8.8%，很多家庭不会投资股票市场，即使参与股票市场，投资者也不会持有市场中所有类型股票，而且持有数量偏低。

2.2.2 微观层面

微观层面的研究主要是基于调查访谈数据以及交易账户记录，国内学术界对中国家庭市场参与、资产配置及交易行为等问题进行了实证研究。史代敏和宋艳（2005）实证检验了年龄、财富规模、户主性别、家庭责任、户主受教育程度、家庭资产规模等因素对中国居民家庭金融资产选择的影响。结果发现，转型期中国不同年龄阶段的居民的金融资产结构相近，金融投资带有强制选择性。李涛和郭杰（2006）基于我国 15 个城市的调查数据，从风险态度角度研究了居民的股市参与行为，发现居民风险态度对是否投资股票没有显著影响。李涛和子璇（2006）基于投资者行为调查数据，发现社会互动推动了居民对股票、债券等投资项目的参与。邹红和喻开志（2009）的研究发现，家庭持股比例呈现倒"U"形，家庭成员中50岁左右的投资者的持股比例达到峰值，但是该研究没有控制其他变量带来的影响。王宇和周丽（2009），张学勇和贾琛（2010）通过问卷调查，对中国农村居民金融资产选择情况进行研究，发现由于我国农村金融市场相对落后、金融产品相对单一，加之农村居民的收入水平相对较低，金融资产方面的知识有限，因此农村居民投资于储蓄以外的其他金融产品非常少，农村家庭金融资产结构相对单一。雷晓燕和周月刚（2010）利用中国健康与养老追踪调查数据进行研究，发现人口统计学变量、经济变量和健康变量对居民家庭不同类型资产的影响不尽相同，健康状况恶化会减少家庭金融资产尤其是风险资产的持有量。

张燕和徐菱涓（2013）采用 Tobit 模型研究了江苏省城镇居民的家庭金融资产选择现状。结果显示，居民家庭金融资产结构受家庭收入、教育程度、风险偏好和居民信任度的正向影响，房产对家庭金融投资具有"挤出"效应。吴卫星等（2011）认为投资者的健康状况对其参与股票市场和风险资产市场的影响不显著，但会影响家庭的股票和风险资产在总财富中所占的比重，健康状况不佳会导致这两个比重降低。解垩和孙桂茹（2012）基于CHARLS 的数据，把健康冲击分为急性健康冲击和慢性健康冲击两类，发现遭受急性健康冲击时，老年家庭会减少持有的风险资产。肖作平和张欣哲（2012）利用全国民营企业家的调查数据分析了制度及人力资本对家庭金融市场参与活动的影响，发现制度因素和人力资本因素显著影响家庭的金融市场参与率和市场参与深度。姚亚伟（2012）发现，上海居民中，低收入家庭的风险偏好强于高收入家庭，行为金融学上的非理性行为会影响不同收入家庭的资产配置。王聪和田存志（2012）认为，年龄、收入和教育程度对居民家庭参与股市有显著的正向影响；信贷约束、风险态度、社会互动、房产比例、职业风险等是居民家庭参与股市的重要影响因素。吴卫星和吕学梁（2013）发现，中国家庭的股票投资参与率与年龄为负相关关系，股票、基金等资产投资的参与率、投资参与度与财富为"钟形"关系。王向楠等（2013）的研究发现，随着家庭收入的增长，家庭将更多地选择金融资产，尤其是寿险和股票资产。

2.3　现有研究的不足

通过梳理国内外有关家庭金融资产选择的文献可以发现，当前针对我国城镇居民家庭金融资产选择领域的研究主要存在 4 个方面的不足：

1. 研究视角的不足

从研究视角来看，现有的研究大多从宏观角度观察全部居民的金融资产数量，以分析居民在资产选择上的现状和趋势，以及形成现状的宏观经济变量上的原因。从居民家庭微观视角对家庭不同特征变量（年龄、财富、婚姻状况、收入状况、受教育程度等）进行实证研究的文献还不多见，已有家庭层面的微观实证研究大多是近年才兴起的，还很不成熟。

2. 研究方法的不足

在早期文献中，理论推演是大多数研究的主要方法，虽然有一些实证研究方面的文章，但是其研究方法相对简单，主要采用描述性统计方法进行分析，即使采用了回归方法，也大多没有考虑研究数据的分布特征，只是简单地用多元线性回归模型进行模型拟合，对估计结果的检验不够严谨，结论的可信度受到很大怀疑。近年来，一些学者开始考虑根据数据分布特征，用二元离散模型（Probit 模型、Logit 模型）和归并数据模型（Tobit 模型）进行实证研究，但这些研究缺乏对内生性问题的讨论，估计结果的稳健性和科学性不足。此外，在建模过程中，一些研究在理论分析上对影响家庭金融资产选择的因素考虑不全面；还有一些研究尽管在定性分析中全面考察了影响因素，但由于缺乏家庭金融调查数据的支持，在模型构建时被迫遗漏一些关键变量，而这些关键变量的缺失有可能导致遗漏变量偏误，影响估计结果的可信度。

3. 样本数据的不足

发展中国家的家庭金融资产的专题调查数据资料非常缺乏，已有的调查数据质量普遍不高，高收入群体的资产持有量存在被系统性低估的迹象，这些数据很难用来评估家庭资产选择是否与理性选择一致（高明 等，2013）。相比之下，发达国家对家庭金融资产选择的研究起步时间早，有关家庭金融资产的微观数据比较详细并且容易获得，比如美国的消费者金融调查（SCF）、英国的家庭支出调查（FES）、日本的国民调查数据（JNSD）、德国的收入与储蓄调查（GIES）等。这些国家的学者能够采用较先进的方法对数据进行挖掘，深入阐述家庭金融的现状、影响因素、发展趋势。中国目前已有的国内研究使用的数据不够全面，多数学者主要利用调查访谈数据、交易账户记录、统计年鉴的宏观数据对家庭金融资产选择问题进行研究，试图发现影响家庭金融资产选择的因素。由于贫富差距问题，宏观变量受少数富裕人口的影响较大，导致输出结果有偏，不能代表整个社会中大多数家庭的资产选择和偏好。长期以来，我国缺乏专门的调查机构提供的家庭金融资产方面比较权威的微观数据，导致相关研究所使用的数据不够细致全面，缺乏代表性，难以用来深入研究居民家庭金融资产配置行为。

4. 研究广度和深度的不足

在研究广度上，早期文献使用的大多是宏观数据，无法考察年龄、收入状况、受教育程度等变量对家庭金融资产选择的影响。此外，宏观总量数据容易受到少部分特别富裕人群的影响，基于宏观数据得到的结果不能代表占全社会绝大多数的普通家庭的偏好和选择。近年来，有学者逐渐开始使用家庭金融资产的抽样数据进行规范的实证分析，但是这些研究普遍存在两个不足：一是对影响家庭金融资产选择的因素考虑不全面，在模型构建时遗漏一些关键变量，而这些关键变量的缺失有可能导致遗漏变量偏误，影响估计结果的可信度；二是已有研究大多只关注家庭金融资产选择问题的某一个方面（金融市场参与率、金融资产持有量和金融资产配置结构的某一个方面），研究结论无法全面反映家庭金融资产选择的特点。

在研究深度上，已有研究大多考察家庭特征变量和户主特征变量等一般性因素如何影响家庭金融资产选择，往往忽视中国经济、社会和文化的特殊性对家庭金融资产选择起到的作用，对转型期"关系"等中国元素如何影响家庭金融资产选择，以及可能的影响机制重视不够。目前的研究无法为家庭优化金融资产选择提供分类指导，也无法为金融机构有针对性地开发适应市场需求的金融产品和服务提供经验依据。

3 城镇居民家庭金融资产选择影响因素的理论分析

第 2 章在国内外已有研究的基础上，对影响居民家庭金融资产选择的一般性因素进行了梳理，这些因素影响欧美发达国家的家庭对金融资产的选择，也可能会影响我国居民家庭的金融资产选择行为。值得注意的是，与发达国家相比，我国金融市场发展还很不完善，社会文化和经济制度也与欧美国家有很大差别。这些差别决定了我国居民家庭进行金融资产投资时所处的环境不同于发达国家，我国居民家庭在金融资产选择上必然具有特殊性，解释这些特殊性有助于我们更好地理解不同国家居民在金融市场上的金融资产选择行为的差异性。本章主要包括 3 个部分：首先，对本书涉及的关键概念进行界定，明确其内涵和外延；其次，考察改革开放以来，我国居民家庭金融资产投资的变迁；最后，立足中国国情，从理论上分析影响我国居民家庭金融资产选择的一般性因素和特殊因素。

3.1 相关概念界定

本书重点分析我国城镇居民家庭金融资产选择行为，有必要先对家庭、家庭金融资产及其具体内容进行说明，本书后续章节的研究将在这些概念得到明确界定的基础上展开。

1. 家庭

家庭是资产配置和投资行为的主体，它是由具有婚姻关系、血缘关系乃至收养关系维系起来的人群组成的。成立家庭意味着至少两个人决定共同生活较长时间，分享经济资源，共同决策和计划如何运用这些资源。为了与已有文献保持一致，本书有时也使用"居民"或"居民家庭"的概念，其含义与"家庭"的概念在内容上没有差别。需要说明的是，户主是家庭经济活动中最重要的决策者，在家庭事务处理中居于主导地位。因此，本书从家庭异质性角度出发，重点关注家庭特征变量和户主特征变量对居民家庭金融资产选择的影响。

2. 家庭金融资产、无风险性金融资产与风险性金融资产

本书对家庭金融资产、风险性金融资产和无风险性金融资产的定义借鉴自《中国家庭金融调查报告》（甘犁 等，2012），其具体含义如下：

（1）家庭金融资产。

家庭金融资产是指居民家庭持有的金融资产，包括现金、活期存款、定期存款、股票、债券、基金、金融衍生品、金融理财产品、非人民币资产、黄金和借出款。居民家庭金融资产有流量和存量之分：流量意义上的居民家庭金融资产，是指家庭在某一时期内购买的各类金融资产的增量，在数值上等于这一时期家庭收入与消费的差额，即等于广义的储蓄额；存量意义上的家庭金融资产，是指流量意义上的居民家庭金融资产在各年份上的累加，其形成依靠历年家庭金融资产增量的积累。

（2）无风险性金融资产。

本书所涉及的无风险性金融资产包括活期存款、定期存款、国库券、地方政府债券、股票账户里的现金、手持现金等金融产品。

（3）风险性金融资产。

本书所涉及的风险性金融资产包括股票、基金、金融债券、企业债券、金融衍生品、金融理财产品、非人民币资产、黄金、借出款等。

（4）正规风险性金融资产。

正规风险性金融资产是指家庭在正规金融市场上购买的股票、基金、金融债券、企业债券、金融衍生品、金融理财产品、非人民币资产和黄金。

（5）非正规风险性金融资产。

非正规风险性金融资产是指家庭参与非正式金融市场上的投资，主要是指家庭在民间借贷市场上的借出款。

3. 家庭金融资产包含的具体金融产品种类

（1）活期存款。

活期存款是指不需要任何事前通知，存款户就可随时存取和转让的一种银行存款。其形式有支票存款账户、保付支票、本票、旅行支票和信用证等。

（2）定期存款。

定期存款是指存款户在存款后的一个规定日期提取款项才能获得约定的利息，或者需要在准备提款前若干天通知银行的一种存款，其期限可以从三个月到五年、十年以上不等。一般而言，存款期限越长，利率越高。在我国农村，定期存款也被叫作死期存款。

（3）股票。

股票是一种有价证券，是股份有限公司在筹集资本时向出资人公开发行的、用以证明出资人的股本身份和权利，并根据股票持有人所持有的股份数享有权益和承担义务的可转让书面凭证。其中，公开市场交易的股票是指可以在股票市场上流通的股票，不包括原始股等非流通股；非公开市场交易的股票又叫作私募，是发行公司只向特定的发行对象推销的股票，主要在以发起方式设立公司、内部配股和私人配股（第三人分摊）等情况下采用。本书中的股票是指按照市场价格计算出的所有股票的总价值，即出售当前这些股票，能获得多少收入。

（4）债券。

债券是社会各类经济主体为筹措资金而向债券投资者出具的，承诺按照一定利率定期支付利息和到期偿还本金的债券债务凭证。债券是一种有价证券。按照发行主体的不同，债券可以分为政府债券、金融债券、公司（企业）债券。政府债券是政府为筹集资金而发行的债券，主要有国债、地方政府债券等。其中最主要的是国债，它是由国家发行的债券，是中央政府为筹集财政资金而发行的一种政府债券，是中央政府向投资者出具的，承诺在一定时期内支付利息和到期偿还本金的债权债务凭证。地方政府债券是有财政收入的地方政府公共机构发行的债券，一般用于地方性公共设施的建设。金融债券是银行和非银行金融机构发行的债券，我国目前的金融债券主要由国家开发银行、进出口银行等政策性银行发行。公司（企业）债券是企业按照法定程序发行，约定在一定期限内还本付息的债券。

（5）基金。

基金是一种间接的投资方式。基金管理公司通过发行基金，集中投资者的资金，由基金托管人（具有资格的银行）托管，由基金管理人管理和运用资金，从事股票、债券等金融工具的投资，然后共同承担风险、共同分享收益。根据投资对象的不同，基金可以分为股票型基金、债券型基金、货币市场基金和混合型基金等。基金市值就是按照市场价格计算出来的基金总价值，即出售当前这些基金，能获得多少收入。

（6）金融衍生品。

金融衍生品是一种与股票、债券并列的投资方式。其价值依赖于基础资产价值的变动。其合约可以是标准化的，如期货；也可以是非标准化的，如远期协议。根据产品形态，衍生品可以分为远期、期货、期权和掉期四大类。根据原生资产，衍生品大致可以分为股票衍生品、利率衍生品、汇率衍生品和商品衍生品四类。

（7）金融理财产品。

本书所指的金融理财产品包括银行理财产品、互联网宝宝类理财产品、券商集合理财、P2P 网络借贷、众筹和信托。

（8）非人民币资产。

非人民币资产主要是指以外币（非人民币）表示的资产，如国外货币、外币支付凭证、外币有价证券、特别提款权等。

（9）黄金。

本书所指的黄金，通俗理解就是出售当前持有的黄金能获得的收入，或者家庭持有的黄金按当前的黄金价格计算出来的总价值。

（10）借出款。

本书中的借出款是指借给家庭成员以外的其他主体的款项。

4. 区域变量

（1）农村与城镇。

本书根据国家统计局最新颁布的《2014 年统计用区划和城乡划分代码》来定义农村与城镇。CHFS 问卷中设计有专门的问题，可以准确识别受访家庭是居住在农村地区还是城镇地区。

（2）东部、中部和西部。

CHFS 在 2011 年的首轮调查中，覆盖全国除西藏、新疆、内蒙古、宁夏、福建、海南和港澳台地区之外的 25 个省份、80 个县（区、县级市）、320 个社区（村），样本规模为 8 438 户；2013 年第二轮调查在追踪 2011 年受访户的基础上对样本进行了大幅扩充，调查覆盖全国除西藏、新疆和港澳台地区之外的 29 个省份、262 个县（区、县级市）、1 048 个社区（村），样本规模达到 28 143 户。两轮调查对东部、中部和西部的省份划分见表 3.1。

表 3.1　东部、中部和西部地区包含的省份

区域	2011 年调查包含的省份	2013 年调查包含的省份
东部地区	北京、天津、河北、辽宁、上海、江苏、浙江、山东、广东	北京、天津、河北、辽宁、上海、江苏、浙江、福建、山东、广东、海南
中部地区	山西、吉林、黑龙江、安徽、江西、河南、湖北、湖南	山西、吉林、黑龙江、安徽、江西、河南、湖北、湖南
西部地区	广西、重庆、四川、贵州、云南、陕西、甘肃、青海	内蒙古、广西、重庆、四川、贵州、云南、陕西、甘肃、青海、宁夏

数据来源：https：//chfs. swufe. edu. cn/yanjiuchengguo. aspx（CHFS 官方网站）。

5. 社会网络与社会资本

"社会网络"的概念首次由人类学家拉德克里夫布朗在 20 世纪 40 年代提出。他认为社会网络是指跨越国界、跨越社会，并将其成员联系在一起的一种关系。Wellman（1988）的研究发现，社会其实是一个庞杂的网络，由于个体差异、生产资料所有权差异、社会地位和财富的差异，使得社会中的个体必须相互联系、相互作用。此后，学者们从专业分工（Johnson et al.，1986）、网络构建的动机（Jarillo，1988）、社会契约（Williamson，1978）、信息化需求（Uzzi，1997）、资源配置（Thorelli，1996）等不同视角对社会网络进行了定义。

"社会资本"是物质资本和人力资本之外的一种资本形态，与其他资本一样，它也具有生产性（Colman，1988）。由于"社会资本"的复杂性和多维性，学界在其概念的界定上始终没有形成一致的认识。Putnam 等（1993）认为社会资本指的是社会组织的特征，诸如社会网络、信任和社会规范，它能够通过推进合作行为来提高社会效率。Portes（1995）将社会资本定义为在更广阔的社会结构（社会网络）中个人通过其成员资格来获取或运用稀缺资源（如信息获取）的能力。Lin（1999）认为社会资本是社会结构中通过行动而获取的一种资源。国内学者也对社会资本持有不同的观点，顾新等（2003）把社会资本定义为两个以上的个体或组织在相互作用中为获得稀缺的资源建立的社会网络关系；陈柳钦（2007）认为，社会资本涵盖了社会网络、社会关系，以及隐藏于社会结构中的资源、信用、规范、制度、道德等大的范畴。

社会网络是社会资本的一个重要维度，社会网络与信任、规则都被认为属于社会资本的范畴（Putnam et al.，1993）。社会网络是人与人之间形成的正式和非正式的社会联系，包括人与人之间直接形成的社会关系和通过物质文化共享形成的间接关系（Mitchell，1969）。社会资本以社会网络为载体，是行动者在社会关系中获得的一种资源（Lin，1999）。社会网络和社会资本都以"关系"为核心，但前者强调社会关系的结构，而后者强调社会关系所带来的利益，社会关系网是社会资本的表现形式，社会资本是社会关系网的内在体现。因此，区别和联系这两个概念，对接下来的研究具有重要意义。

社会网络包括个体网络和社区网络。个体网络强调以个体为中心的定位网络，是指个人或家庭与其亲戚、朋友或邻里等构成的关系网络，个人和家庭可以通过其社会网络成员的帮助来应对意外冲击和改善生活状况。个体网络关注社会连带，而不是网络结构（罗家德，2005）。相关文献主要研究个体特性及网络对个体行为的影响。社区网络是相对于个体网络而言的，强调以团体为中心，是由许多特定的个体及他们之间的关系组成的。相关文献主要研究群体内部的人际互动、交换模式，个体观念和行为是如何受群体影响的，以及个体是如何通过网络来构成社会团体的。鉴于本书主要关注社会网络中个体的特性及网络对个体行为的影响，因此，后文对社会网络的分析主要是基于个体网络进行的。

3.2 城镇居民家庭金融资产总量形成的特点

改革开放以前，我国实行计划经济体制，在这种高度集中的指令型经济环境中，居民家庭没有也不需要金融资产。一方面，在计划经济条件下，居民家庭的大部分生活物资由国家统一分配，居民不需要用货币收入来进行消费；另一方面，在计划经济体制下，居民家庭收入普遍低下，而且没有商品市场和金融市场，居民家庭根本买不到相应的金融产品，更无法选择相应的金融资产。家庭的储蓄大部分也是被动形成的。

改革开放以后，城乡居民的收入有了大幅度的提高，消费出现了较大的增长。随着市场化改革的深入和社会经济体制的变革，居民家庭对未来的不确定性预期增加，预防性的储蓄开始增长，由于相应的金融市场还没有建立，这部分货币财富大部分以银行存款的形式作为居民家庭持有的金融资产。

随着改革的进一步深化，居民家庭对经济环境的不确定性预期进一步增强，尤其是在改革过程中，医疗制度、教育制度和养老制度等经改革后还不完善，家庭在以往预防性储蓄的基础上更加节俭，家庭储蓄不断积累。特别是住房市场化改革以后，一部分家庭将储蓄用来购买商品房，剩余的储蓄则以居民存款的形式作为家庭持有的金融资产。

20 世纪 90 年代以来，以股票市场为起点的金融市场建设开始起步，居民在金融资产的选择上有了更多的自由，居民家庭金融资产的配置开始出现多样化的趋势。在股票市场二十几年的发展历程中，沪深两市的规模不断扩大，利用股票市场进行资产保值和增值的家庭数量也不断增加。我国股票市场的参与率如何？股票市场参与者有什么样的特征？股票市场的涨跌对居民家庭财产的影响如何？国家的货币政策、财政政策和税收政策对参与股市家庭的财富再分配有什么作用？随着我国金融市场的发展，以上问题都需要回答。

20 世纪 90 年代以后，政府为了筹集建设资金，开始大规模地发行国债。由于国债的收益高于银行的存款利息，而且风险很低，对居民家庭而言，国债无疑是一种比储蓄存款更好的金融产品。但是让人困惑的是，我国居民家庭并没有用更优的国债替代储蓄存款，这种表面上非理性的选择行为的原因，有待理论界和政府部门深入分析。

进入 21 世纪以来，社会保障体系的建设日益受到重视，除了政策性的保险制度设计以外，商业性的保险不断涌现。各大保险公司先后推出一系列的养老保险、医疗保险和教育保险等储蓄性的保险业务。这些保险的收益高、风险小，但是购买储蓄性保险的家庭还是寥寥无几。储蓄性保险占家庭金融资产的比重极低。一方面，那些收入较低、最需要保险覆盖的家庭，由于保险意识差，可能是最少购买保险产品的群体；另一方面，由于保险行业的发展还不够规范，部分从业人员缺乏职业素养，大众对保险代理人普遍不信任。再加上许多人缺乏基本的保险常识，抑制了居民家庭对保险产品的需求。因此，保险公司应当研究如何更好地选择目标客户，才不至于目标错位。政府要在对保险公司经营行为进行规范和监管的同时，对居民进行金融和保险知识的普及。

近几年来，我国金融市场发展不断提速，但与西方发达国家相比，我国资本市场发展还很不完善，主要存在以下几个方面的问题：一是金融市场提供的产品种类不多，家庭对金融产品的选择空间十分有限；二是金融市场上存在严重的信息不对称现象，信息流通渠道不规范，盲目性的交易行为大量存在；三是我国还没有建立完善的社会保障体系，家庭普遍存在预防性的资产选择心理；四是传统的节俭理念导致居民消费观念保守，消费倾向低，而储蓄倾向高，家庭倾向于为后代留下遗产。在我国特定文化背景下，家庭对各种金融资产（包括住房）的偏好也与西方国家存在巨大差异。以上这些问题使得我国家庭金融资产选择行为表现出独有的特征（史代敏，2012）。

3.3 城镇居民家庭金融资产选择的影响因素

本节将在家庭资产选择行为理论的基础上，对影响居民家庭金融市场参与、金融资产持有量与金融资产配置结构的因素进行理论分析。由于影响家庭金融资产选择的因素众多，既有微观因素，又有宏观因素；既有经济因素，又有制度因素；既有主观因素，又有客观因素。因此，本节主要基于居民家庭资产选择理论，结合国内外已有的相关研究，把影响我国居民家庭金融资产选择的因素归纳为 4 个方面——投资者特征、投资者家庭特征、社会文化因素以及经济与金融因素，主要分析那些对我国居民家庭金融资产选择有重要影响，在模型构建中可以测度的因素。

3.3.1 中国家庭金融资产选择的一般性影响因素

1. 投资者特征

（1）年龄因素。

根据生命周期假说，理性的经济人会依据一生的收入来安排家庭在各个时期的消费与投资。因此，每个家庭的消费、储蓄和投资将受到整个生命周期内所获得的总收入的约束。与生命周期假说类似，持久收入假说认为，家庭消费支出并不取决于其当期的收入，而是由家庭的持久性收入所决定的，即家庭的消费、储蓄与投资是依据家庭成员对其长期收入的预期来进行的（Modigliani，1963）。以上两个假说都表明，各个家庭在某一时点上的消费、储蓄和投资都反映了该家庭谋求在其生命周期内获得最大效用的意图，但是该意图受制于家庭成员在其整个生命周期内所能获得的总收入。一个人一生的财富在其开始工作和退休以前是不断增加的，而在其退休直到死亡的过程中是不断减少的。也就是说一个家庭在其成员的一生中各个时期的金融资产总量会处于不断变化中。一个家庭在其成员生命周期的不同时期，对不同风险和收益的金融资产的需求是不一样的，拥有不同年龄成员的家庭的金融资产结构也不一样。此外，由于处在不同生命周期的家庭成员的风险态度、思想观念、投资目标存在差异，居民家庭在选择家庭金融资产时所考虑的重点也不同，偏好也会因此不同。对成员在一个年龄阶段的家庭的金融资产选择有很大影响的因素，对成员在另一个年龄层次的家庭的金融资产选择可能会毫无影响，所以成员在不同年龄段的家庭的金融资产结构必然会存在差异。Yoo（1994）和McCarthy（2004）的研究发现，投资者年龄与风险资产配置之间呈现倒"U"形关系：在投资者达到退休年龄之前，随着家庭财富的积累，家庭会增加风险资产的配置比例，而当投资者年老之后，家庭将逐渐降低风险资产的配置比例。

（2）受教育水平。

一方面，居民受教育程度的提高可以提高家庭收入，从而影响家庭的风险缓冲能力，最终对家庭金融资产配置产生作用

（Mankiw et al.，1991；Campbell，2006）；另一方面，受教育程度不同，人们对金融资产的认识也会存在差异。相比于成员教育程度低的家庭，成员受过良好教育的家庭，对不同类型的金融资产特别是新型金融资产的认识和接受更快，从而在化解非系统性风险方面有更大的选择空间。

（3）风险偏好因素。

由于不同类别的金融资产存在不同的收益率和风险水平，家庭在持有金融资产种类与持有数量上的差异主要源于不同家庭在风险偏好上的差别，因此，风险偏好是影响居民家庭金融资产数量和结构配置的重要因素（Shum et al.，2006；雷晓燕 等，2010；Cooper et al.，1994）。进一步地，影响家庭风险偏好的因素也会间接作用于家庭金融资产的选择。

（4）性别因素。

不同的家庭对风险的承受能力存在差异，这种差异受主观因素和客观因素的共同影响。家庭决策者的性别是典型的主观因素，不同性别对冒险的喜好程度有着天然的差异，这种差异是由基因决定的，一般认为男性比女性更偏好风险，而这种风险态度上的差异将体现在家庭金融资产选择行为上，进而对家庭配置各种金融资产的数量和结构产生影响。

此外，投资者的婚姻状况、政治面貌等因素也会对家庭金融投资产生影响（吴卫星 等，2015）。

2. 投资者家庭特征

（1）家庭收入。

家庭可支配收入是家庭进行金融资产投资的基础（Guiso et al.，1996；Cardak et al.，2009）。一方面，家庭可支配收入是影响家庭金融资产总量的关键因素。根据现代经济学的观点，随着家庭可支配收入的提高，家庭的边际消费倾向降低，而相应的边际储蓄倾向在提高，随着家庭储蓄量的增加，家庭金融资产的总量也在提高。另一方面，家庭可支配收入是家庭金融资产结构变化的基础。伴随家庭可支配收入和家庭财富的增加，家庭的风险态度将发生变化，对不同收益和风险的金融产品的需求也将改变，家庭金融资产的配置将出现多元化的趋势，家庭金融资产结构会随之变动。

（2）家庭财富。

家庭财富的提高会加强家庭抵御风险的能力，当金融资产的收益偏离预期的时候，富裕家庭的承受能力更强。对于特定风险的金融产品，富裕家庭相比不富裕的家庭更有可能选择高风险、高收益的金融产品。此外，家庭财富的增加，尤其是金融财富的增加可以有效地分散非系统性风险，如果家庭金融资产规模很小，可以购置的金融资产种类就会受到限制，或者购置多项金融资产的成本太高，即使家庭有分散风险的愿望，也没有实施分散风险行为的能力。

（3）房产投资。

房产对金融资产投资有两个方面的影响（Flavin et al., 2002；Flavin et al., 2011；Cocco et al., 2005）。一方面的影响是替代效应，由于家庭储蓄主要用于两个方面——实物资产投资和金融资产投资，因此，在家庭储蓄既定的情况下，家庭金融资产投资与房产投资之间存在此消彼长的关系，即房产投资对家庭金融资产投资具有替代效应。另一方面的影响可以视为互补效应。拥有住房的家庭，由于房产可以稳定增值，家庭必然会增加对股票等风险性资产的需求。对于没有自住房，仅租房居住的家庭，未来预期的不确定性要高于拥有房产的家庭，这些家庭在投资风险性金融资产上会更加谨慎。因此，房产投资与风险性金融资产投资具有互补关系。收入、财富、教育水平高的投资者更易选择高系统性风险的组合，此类投资者由于风险分散不足而导致的损失绝对金额更大，在其家庭金融资产配置中，包含流动性很低的房产，会对其参与风险金融市场产生一定的影响。

（4）家庭规模和结构。

家庭规模和结构是影响家庭风险承受能力的客观因素（Vicki，2015）。随着家庭规模的扩大，尤其是未成年子女数量的增加，家庭的决策者考虑到子女未来的生活费、教育和医疗支出，家庭必须持有一定数量的低风险资产，这时家庭会更厌恶风险，从而倾向于选择低风险、低收益的金融资产。家庭规模的差异将影响家庭的金融资产投资偏好，对家庭现有资源在不同风险性金融资产间的分配产生作用，最终影响家庭金融资产的数量和结构。

3. 社会文化因素

社会互动（Hong et al.，2004）、社会资本（Guiso et al.，2004）、"关系"（朱光伟 等，2014）、信任（Guiso et al.，2008）、宗教（Ren-neboog et al.，2012）等社会文化变量对家庭金融资产选择的影响得到了理论研究和实证研究的支持。社会资本、政治面貌和信任关系是社会文化的重要构成，以下将分别说明社会资本、政治面貌和信任与家庭金融资产配置的关系。

（1）社会资本。

社会资本可以通过两个渠道影响家庭金融资产选择。一方面，社会资本可以拓宽家庭的信息渠道。拥有较高社会资本的家庭更容易获得金融产品的信息，这种信息既包括公开信息也包括私人信息。信息成本的降低会促使家庭参与金融市场，因此社会资本降低了由于缺乏信息而未参与金融市场的可能性。另一方面，社会资本还可以通过社会互动来影响家庭对金融市场的参与。社会资本越高的家庭，交往面也就越广，社会互动的程度就会越高，那么接触到已经参与金融市场的人的概率就会越大，受到影响而参与金融市场的概率就会越大。

（2）政治面貌。

关于居民政治面貌对家庭金融资产的影响，学界有两种观点：一种观点认为，具有政治背景的居民家庭获得更多的金融财产具有合理性，因为政治面貌背后反映的是居民更高的能力（更有能力、更优秀的人才能够加入党组织）；另一种观点认为政治面貌有利于居民获取更多的政治资源，家庭会利用这种资源获取更多的金融财产，这与权力寻租有关，因此具有不合理性。现实中可能两种因素都存在，很难把这两方面的因素完全分离开来。

（3）信任。

信任会影响家庭对未来的不确定性的态度，进而对家庭金融资产选择行为产生影响。当信任感缺失时，家庭会高估未来的风险，为了减少不确定性带来的损失，家庭倾向于投资风险性较低的房产等资产，而不是风险性较高的股票等金融产品。此外，信任还会影响借款人与贷款人之间的交易，信任感高的家庭很少有贷款违约的情况。由于更容易获得金融资产，信任感高的家庭往往有较多的金融资产以及较高的财富水平。

4. 经济与金融因素

（1）经济社会改革。

改革开放以来，养老制度改革、医疗制度改革、教育制度改革、住房制度改革和社会保障制度改革等影响了我国居民家庭对未来的预期，在未来不确定性增加，而当前储蓄性保险没有得到普及，家庭无法通过购买保险来应对不确定性的背景下，家庭进行预防性储蓄的动机便不断增强。这种动机的直接体现就是家庭要持有一定量的银行储蓄存款。也就是说，我国经济社会不同领域进行的改革，将提高家庭金融资产中储蓄存款的比重，从而影响家庭金融资产结构。

（2）交易摩擦。

与经典投资组合理论的完全市场假设不同，Heaton 和 Lucas（1997）认为市场中存在的交易成本是投资者考虑的因素之一，研究发现投资者更倾向于投资交易成本较低的资产。Vissing-Jorgensen（2002）研究了股市中存在的 3 种成本（固定成本、每期交易成本、比例交易成本）后，认为股市中存在的固定成本对投资者参与股市有重要影响。另外，现实的资本市场中存在诸如税收成本、交易成本等各种交易摩擦，这降低了低财富者进入资本市场的可能性，而富有的投资者不会受到影响（Cocco et al.，2005）。

（3）金融可得性。

金融可得性对家庭金融资产选择有着重要影响（尹志超 等，2015），理性的家庭在配置财富时会考虑风险分散化的问题，选择投资多种金融资产可以有效分散非系统性风险，但金融服务与金融产品的可得性将影响家庭多元化配置资源的实践。我国区域经济社会发展不平衡的现象很明显，相对于西部地区，东、中部地区拥有更多的金融机构，人们享受金融服务更加便利，人们获得新型金融产品的信息也更便捷，因此，东、中部地区的家庭更容易通过分散化投资降低风险，家庭的风险应对能力也会更高。

（4）金融市场发展。

居民家庭通过参与金融市场来优化家庭的资源配置，金融市场的发展与不断完善能够为城镇居民提供更多更好的投资理财产品，家庭能够从金融市场的发展中获得更多的投资机会，通过投资相应的金融产品实现家庭财富的增值（Demirgiic-Kunt et al.，1996）。在金融发达的地区，穷人的收入增长率得到有效提高，金融发展不但有助于收入增长，同时也促进了收入平等。此外，金融市场也会因为家庭参与深度和广度的增加而不断发展壮大，因此金融市场发展与居民家庭金融资产选择存在相互影响的作用。改革开放以来，随着中国经济的高速发展，家庭收入不断提高，家庭对不同类型金融产品的需求日趋强烈，这为我国金融市场的发展奠定了坚实的微观基础。

（5）经济增长。

经济增长与金融资产选择存在相互影响的密切关系（Christelie et al.，2010）：一方面，经济增长的实际情况以及居民家庭对未来经济增长的预期会影响家庭金融资产的数量和结构；另一方面，随着金融市场的发展，家庭在金融产品的选择上更加多元化，居民金融资产选择在促进全社会储蓄向投资转化，进而优化资源配置，促进经济发展方面发挥着越来越重要的作用。

本节所分析的影响家庭金融资产数量和结构选择的因素，国外学者已通过相应的实证研究进行了经验验证，有些实证结果与理论预期一致,而有些则不符合理论预期。在我国,由于长期缺乏家庭微观金融数据,学界还没有系统地分析这些因素效应的实证研究成果,因此,本书将从家庭微观视角出发,利用 CHFS 提供的 2011 年和 2013 年家庭金融调查专题数据,对各种可能影响我国居民家庭金融资产数量和结构选择的因素尽可能进行全面的分析。

3.3.2 中国家庭金融资产选择的特殊影响 因素:社会网络的作用

中国是一个重视"关系"的传统国家,"关系"是中国社会格局的核心模式(梁漱溟,1949;Jacobs,1979;Jacobs,1980;费孝通,1948;Gold et al.,2002)。费孝通(1948)指出,"中国的社会关系是由无数张以家庭为核心的、重叠的、如蜘蛛网般的关系网构成的"。随着市场经济的日益发展,关系与基于市场经济的社会资源配置方式并存,并发挥其特有的作用(何清涟,1998;Allen et al.,2005)。

学者们对社会网络的作用进行了大量研究,他们发现社会网络具有多种功能:首先,社会网络可以通过提供信息(Hwang,1987;Yang,1994;Bian,1997)、获得亲朋好友的帮助和信任来促进就业和创业(Montgomery,1991;Bian,2001;Li et al.,2003;Munshi,2003;Munshi et al.,2006),从而提高家庭收入(Narayan et al.,1997;Knight et al.,2002;张博 等,2015)。其次,社会网络可以通过风险分担机制来平衡消费和借贷,应对风险冲击(Fafchamps et al.,1997);社会网络能够缓解流动性约束,降低交易成本(杨汝岱,2011;胡枫,2012)。最后,社会网络还可以扮演抵押品角色（Woolsey et al.，2001）或者作为非正式的保险机制（Bastelaer，2000）来促进居民借贷，从而缓解贫困（Grootaert，1999；Grootaert，2001；张爽 等，2007）；借贷双方的人缘、地缘关系（林毅夫 等，2005）有利于减少借贷双方的信息不对称，进而促进借贷。

总体上看，尽管已有文献对社会网络、家庭金融市场参与和金融资产配置方面的研究较多，但是研究社会网络与家庭参与正规金融市场广度和深度的关系及其影响机制的文献还不多，少量的研究也主要是从信任、信息、社区互动的角度来考察，且很少考虑社会网络的内生性问题。因此，本书在考虑我国经济、社会和文化的特点的前提下，利用中国家庭金融调查 2011 年和 2013 年的调查数据，探究社会网络与家庭参与正规金融市场尤其是股票市场的关系。这一方面可以从家庭微观层面检验金融市场的发展状况，另一方面，在中国国情下，考虑"关系"这一特殊因素对家庭参与金融市场的影响是对已有文献的重要补充和完善，具有重要的现实意义和政策意义。

4 城镇居民家庭金融市场参与及其影响因素的实证分析

　　本书第 2 章和第 3 章以相关理论为基础，分析了可能影响居民家庭金融资产选择的因素。但是，理论分析中包含的因素众多，在这些因素中，有些因素符合我国的现实情况，而有些因素可能会因为理论假设和国别区域上的差异，不符合我国的具体情况。此外，随着家庭金融理论的发展和中国经济金融市场的变迁，已有的理论可能会遗漏一些影响我国居民家庭金融资产配置的重要影响因素。因此，限于定性理论分析的结论不能完全作为进一步构建模型的充分依据。为此，本书第 4 章、第 5 章和第 6 章将在第 2 章和第 3 章的基础上，分别对影响城镇居民家庭金融市场参与的因素、影响城镇居民家庭金融资产持有量的因素、影响城镇居民家庭金融资产配置结构的因素进行实证研究。第 7 章则立足转型期中国社会文化特点，进一步考察社会网络等特殊因素对家庭金融资产选择的影响，并构建相应的机制模型识别这些影响的可能渠道。

　　不同家庭在经济状况、人口结构和风险偏好等方面存在差异，如果忽略这种差异将导致遗漏变量偏误，由此引起的内生性问题会使估计结果有偏和不一致，导致研究结论的可信性大打折扣。为此，本书实证分析部分（第4章、第5章、第6章和第7章）在参考已有相关研究的基础上，利用CHFS细致全面的家庭金融调查数据，控制了反映投资者及其家庭重要特征的变量，最大限度地解决遗漏变量导致的内生性问题。此外，户主在中国家庭决策中居于核心地位，是家庭财产使用和投资行为的决策者，本书把户主作为家庭金融资产的投资人。因此，本书参考已有文献，在实证章节部分也控制了重要的户主特征变量，并利用CHFS在2011年和2013年的调查数据，针对核心关注变量、家庭特征变量和户主相关特征变量进行了实证分析。

本章在第2章和第3章分析的基础上，对我国居民家庭参与金融市场的影响因素进行了实证研究。本章共包括4个部分：①利用CHFS在2011年和2013年的两轮家庭金融调查数据，对城镇居民家庭不同种类金融市场的参与率、不同因素与金融市场参与率的关系进行探索性描述统计分析，在初步识别不同因素对家庭金融市场参与影响的基础上，结合已有理论分析，选择影响城镇居民金融市场参与的因素；②在第一部分分析的基础上，选取相应的影响因素变量，构建城镇居民家庭金融市场参与的Logit模型；③对Logit模型的估计方法和检验方法进行概述，为实证研究奠定方法论基础；④利用极大似然法对家庭金融市场参与模型进行估计，对参数估计结果进行计量经济学检验，对模型估计结果进行稳健性检验，最后结合相关理论对实证结果进行解释和分析。

4.1 城镇居民家庭特征及金融市场参与率的 统计分析

本节将基于 CHFS 在 2011 年和 2013 年的全国调查数据，对城镇居民家庭金融市场参与状况进行描述性统计分析。第一，对家庭各类金融资产市场的参与率进行简单的统计分析；第二，对家庭特征变量和户主特征变量与家庭各类金融市场参与率的关系进行描述性统计分析，通过对家庭和户主属性变量进行分组，考察不同组别家庭在各类金融市场上的参与率分布情况，通过发现分布的差异为下一步的变量选取提供初步依据。

4.1.1 城镇居民家庭金融市场参与率的统计分析

表 4.1 统计了我国城乡居民家庭在各类金融市场的参与状况，该表直观反映了我国城乡居民家庭 2010 年和 2012 年的金融市场参与率的基本情况[①]。总体来看，城乡居民家庭金融市场参与率在两次调查中的差异不大，下文主要以 2013 年的调查数据对表 4.1 进行说明。在 2013 年中国家庭金融调查的 27 194 个有效样本中，城乡居民对金融市场的参与率达到 96.59%，其中无风险性金融市场的参与率为 96.45%，要远远高于 21.9%的风险性金融市场参与率。在无风险性金融市场中，持有现金的家庭比例为 94.78%；持有活期存款的家庭比例为 59.86%；持有定期存

---

① CHFS 在 2011 年的调查中主要获取了我国居民家庭 2010 年的家庭金融资产持有状况。同样，2013 年的调查主要获取了我国居民家庭 2012 年的家庭金融资产持有状况。本书其他部分的情况与此一致，不再赘述。

款的家庭比例为 18.92%；持有无风险性债券的家庭比例为 0.7%。在风险性金融资产中，持有股票的家庭比例为 8.01%，绝大部分的家庭没有参与股票市场；持有基金的家庭比例为 3.77%；持有风险性债券的家庭比例为 0.13%；持有金融衍生品的家庭比例为 0.12%；持有金融理财产品的家庭比例为 2.26%；持有非人民币资产的家庭比例为 1.09%；持有黄金的家庭比例为 1.02%；持有借出款的家庭比例为 12.48%。值得注意的是，城乡居民家庭对金融衍生品和债券的参与率尤其低，这与我国金融衍生品市场和债券市场发展比较滞后的现实基本一致。

分城镇居民家庭和农村居民家庭来看，2013 年城镇和农村居民家庭在各类金融市场的参与上存在显著差异，城镇居民家庭在各类金融市场上的参与率显著高于农村居民家庭。在无风险性金融资产的参与上，农村家庭拥有银行活期存款的比率为 39.82%，城镇家庭拥有银行活期存款的比率为 69.23%，高出农村家庭约 29 个百分点；农村家庭拥有银行定期存款的比率仅为 10.9%，城镇家庭拥有银行定期存款的比率为 22.67%，持有比率是农村家庭的 2 倍多；农村家庭持有无风险性债券的比率为 0.23%，城镇家庭持有无风险性债券的比率为 0.92%，是农村家庭的 4 倍；在风险性金融市场的参与上，农村家庭的参与率为 10.06%，城镇家庭的参与率为 27.44%，高出农村家庭约 1.7 倍；农村家庭拥有股票的比率仅为 0.29%，城镇家庭拥有股票的比率为 11.62%，城乡居民家庭在股票市场的参与上存在"天壤之别"；农村家庭拥有基金的比率仅为 0.24%，城镇家庭拥有基金的比率为 5.42%，在基金的购买上城乡差异同样巨大；在 2013 年的调查样本中，几乎没有农村家庭持有风险性债券（持有比率仅为

0.01%），城镇家庭持有风险性债券的比率也很低，仅为 0.18%；
在 2013 年的调查样本中，也少有农村家庭持有金融衍生品（持
有比率仅为 0.02%），城镇家庭拥有金融衍生品的比率也仅为
0.17%；农村家庭拥有金融理财产品的比率为 0.09%，城镇家庭
拥有金融理财产品的比率为 3.28%，远高于农村家庭；农村家庭
拥有非人民币资产的比率为 0.22%，城镇家庭拥有非人民币资产
的比率则为 1.49%，约是农村家庭的 6.78 倍；农村家庭拥有黄
金的比率为 0.28%，城镇家庭拥有黄金的比率为 1.37%，大概是
农村家庭的 4.89 倍；农村家庭拥有借出款的比率为 9.2%，城镇
家庭拥有借出款的比率为 14.02%，约高出农村家庭 5 个百分点。

表 4.1 显示，城乡居民家庭在金融市场参与率上存在巨大的
差异，在风险性金融市场参与率上的差异更加明显。从总体上
看，城镇居民家庭是投资金融市场的主力军，农村居民家庭对金
融资产的参与普遍不足。此外，城乡居民家庭在金融市场的参与
上存在显著的异质性特点，而且中国城乡之间长期存在“二元体
制”使得农村和城市在经济发展水平、社会保障制度和投资理财
理念等方面存在系统性差异，如果将农村样本与城市样本不加区
分地混为一体进行研究，必将导致异质性偏误问题。因此，本书
基于中国资本市场发展的现实情况和参与主体的特点，充分考虑
城乡差异对居民家庭金融资产选择的影响，进而在实证部分考察
我国城镇居民家庭的金融资产配置行为。对农村居民家庭金融资
产选择行为的分析，需要另外进行针对性的研究，在这方面我们
已经进行了一些初步的尝试（王阳 等，2013)①。

---

① 参见：王阳，漆雁斌. 农户金融市场参与意愿与影响因素的实证分析：基于3 238
家农户的调查［J］. 四川农业大学学报，2013, 31 (4)：474-480.

表 4.1 中国城乡居民家庭金融市场的参与率

金融资产类别	2011 年调查中的参与率/%			2013 年调查中的参与率/%		
	城镇家庭	农村家庭	总体	城镇家庭	农村家庭	总体
现金	96.46	93.27	95.22	96.40	91.32	94.78
活期存款	66.59	41.66	56.91	69.23	39.82	59.86
定期存款	22.12	12.03	18.20	22.67	10.90	18.92
无风险性债券	0.89	0.48	0.73	0.92	0.23	0.70
无风险性资产	98.14	94.51	96.73	97.90	93.35	96.45
股票	13.56	1.69	8.95	11.62	0.29	8.01
基金	6.25	0.80	4.14	5.42	0.24	3.77
风险性债券	0.18	0.00	0.11	0.18	0.01	0.13
金融衍生品	0.08	0.00	0.05	0.17	0.02	0.12
金融理财产品	1.74	0.19	1.14	3.28	0.09	2.26
非人民币资产	1.84	0.57	1.35	1.49	0.22	1.09
黄金	0.91	0.29	0.67	1.37	0.28	1.02
借出款	13.56	9.67	12.05	14.02	9.20	12.48
风险性资产	28.61	11.61	22.01	27.44	10.06	21.90
金融资产总计	98.36	94.58	96.89	98.04	93.49	96.59
样本量/个	4 942	3 135	8 077	18 532	8 662	27 194

注：①表中的参与率是指持有该项资产的家庭数量与样本家庭总数量的比值；②无风险性金融资产中的债券是指国库券和地方政府债券的价值总和；风险性金融资产中的债券是指金融债券和企业债券的价值总和；③无风险性金融资产中的现金是指手持现金和股票账户内的现金总和。本章以下表格的定义与此一致，不再一一说明。

　　我国地域广袤，东部、中部、西部地区的经济发展水平和市场化程度不一、金融市场的完善程度不同，不同区域的文化和风俗习惯也存在差异。表 4.2 根据我国东、中、西部的区域差异，分别统计东部、中部和西部地区的城乡居民家庭在金融市场上的参与率。表 4.2 显示，东、中、西部城乡居民家庭在金融市场的

参与上存在显著差异，这种差异主要反映在风险性金融市场的参
与上，下面以 2013 年调查数据进行说明。总体上看，东部地区
家庭参与风险性金融市场的比率较高，达到 26.72%，中部和西
部地区家庭在风险性金融市场的参与率较低，而且比较接近，分
别为 17.41% 和 18.19%。在家庭风险性金融资产的具体类别上，
东、中、西部地区也基本呈现相同的趋势，尤其在股票市场的参
与上，东部地区家庭的参与率要远远大于中、西部地区家庭，东
部地区家庭的参与率为 11.74%，中、西部地区家庭的参与率仅
为 4.72% 和 4.9%。导致这种现象的原因可能源于三个方面：首
先，东部地区的资本市场，尤其是股票市场出现最早，为居民家
庭进行风险投资创造了便利条件；其次，东部地区为改革开放的
前沿，居民更容易接受新的投资理财观念，参与风险投资的积极
性更高；最后，东部地区省份多为经济发达的省份，家庭拥有更
高的收入和资产，具有更强的风险应对能力，这也为居民家庭参
与风险性金融市场提供了现实可能性。

表 4.2　东、中、西部地区城乡居民家庭金融市场参与情况

金融资产类别	2011 年调查中的参与率/%			2013 年调查中的参与率/%		
	东部地区	中部地区	西部地区	东部地区	中部地区	西部地区
现金	96.25	95.74	92.44	96.10	94.52	92.48
活期存款	62.71	56.64	45.44	67.66	50.96	55.97
定期存款	23.15	15.90	11.12	24.81	14.01	13.61
无风险性债券	0.95	0.41	0.70	0.97	0.50	0.44
无风险性资产	97.67	96.89	94.60	97.72	95.83	94.74
股票	13.82	4.96	4.26	11.74	4.72	4.90
基金	5.87	2.46	2.81	5.38	2.15	2.67
风险性债券	0.18	0.00	0.11	0.13	0.12	0.13

表4.2（续）

金融资产类别	2011 年调查中的参与率/%			2013 年调查中的参与率/%		
	东部地区	中部地区	西部地区	东部地区	中部地区	西部地区
金融衍生品	0.08	0.00	0.05	0.17	0.08	0.08
金融理财产品	1.88	0.53	0.43	3.65	1.05	1.07
非人民币资产	2.30	0.53	0.49	1.56	0.79	0.54
黄金	0.92	0.57	0.27	1.49	0.70	0.49
借出款	13.53	11.93	9.17	13.06	11.67	12.41
风险性资产	28.46	17.70	14.52	26.72	17.41	18.19
金融资产总计	97.94	96.93	94.71	97.84	95.99	94.90
样本量/个	3 784	2 440	1 853	12 595	8 271	6 328
总样本/个	8 077			27 194		

4.1.2 城镇居民家庭金融市场参与率影响因素的探索分析

本部分将根据家庭特征变量和户主特征变量对家庭金融市场参与率进行分组统计，在初步考察家庭特征和户主特征变量与家庭金融市场参与的关系的基础上，寻求影响家庭金融市场参与的因素；为本章实证模型的构建奠定基础。

1. 城镇居民家庭金融市场参与率的财富分布

表4.3反映了城镇居民家庭金融市场参与率的财富分布状况。本书借鉴已有研究成果，用家庭资产来衡量家庭的财富水平，并根据资产分位数来定义不同的富裕程度。具体来说，本书先把样本家庭按资产数量从低到高排序，并以25%分位数、50%分位数和75%分位数为门槛值对家庭进行分组，将位于25%分位数以下的家庭定义为贫穷家庭，位于25%~50%的家庭定义为中

等收入家庭，位于50%~75%（不含50%）的家庭定义为富裕家庭，位于75%以上的家庭定义为最富裕家庭。在分组的基础上分别统计不同组的样本家庭在各类金融市场上的参与率状况，得到表4.3。

表4.3 城镇居民家庭金融市场参与率的财富分布

金融资产类别	2011 年调查中的参与率/%				2013 年调查中的参与率/%			
	贫困	中等收入	富裕	最富裕	贫困	中等收入	富裕	最富裕
现金	95.15	96.44	97.17	97.09	94.56	95.90	97.47	97.65
活期存款	53.07	65.10	71.36	76.84	53.21	64.52	74.55	84.65
定期存款	11.81	17.00	25.49	34.17	11.16	18.22	25.90	35.40
无风险性债券	0.08	0.49	0.65	2.35	0.19	0.35	0.91	2.24
无风险性资产	97.09	97.81	98.62	99.03	96.09	97.58	98.79	99.14
股票	2.51	5.34	15.94	30.45	2.96	5.57	11.66	26.31
基金	1.54	3.08	6.72	13.68	1.14	2.96	5.68	11.89
风险性债券	0.00	0.00	0.08	0.65	0.06	0.11	0.11	0.45
金融衍生品	0.00	0.08	0.08	0.16	0.04	0.09	0.13	0.41
金融理财产品	0.32	0.40	1.38	4.86	0.45	1.04	2.33	9.28
非人民币资产	0.40	0.57	2.02	4.37	0.45	0.63	1.32	3.58
黄金	0.40	0.40	0.97	1.86	0.26	0.65	1.30	3.26
借出款	7.36	10.69	18.37	17.81	7.66	11.09	16.58	20.74
风险性资产	11.08	18.22	35.36	49.80	11.61	18.74	30.50	48.91
金融资产总计	97.33	97.89	98.95	99.27	96.20	97.84	98.86	99.27
样本量/个	1 236	1 235	1 236	1 235	4 633	4 633	4 633	4 633
总样本/个	4 942				18 532			

表4.3中2013年的调查数据显示，处于不同财富阶层的家庭，在家庭金融市场的参与率上存在显著差异。随着家庭财富水平的上升，家庭参与金融市场的比率也不断提升，分别为96.2%、97.84%、98.86%和99.27%。在无风险性金融市场的参与上，贫困家庭、中等收入家庭、富裕家庭和最富裕家庭的参与

71

率分别为 96.09%、97.58%、98.79% 和 99.14%。家庭财富水平
对家庭参与风险性金融市场，尤其是股票市场有更显著的正向影
响，贫困家庭、中等收入家庭、富裕家庭和最富裕家庭参与风险
性金融市场的比率分别为 11.61%、18.74%、30.5% 和 48.91%，
参与股票市场的比率分别为 2.96%、5.57%、11.66% 和 26.31%，
随着家庭财富的增加而提高，其他种类风险性金融市场的参与率
也有相同的增长态势。由此，我们可以初步认为家庭财富水平是
影响家庭金融市场参与率的重要因素，尤其对家庭参与风险性金
融市场和股票市场的决策有重要影响。

表 4.3 的发现与已有研究类似，Guiso 等（2000）发现，美
国、英国、意大利、德国以及荷兰等国家的家庭股票市场参与率
随财富增加而提高；Arrondel 等（2002）发现，法国家庭随财富
水平的提高会增加对股票市场的参与率，我国城镇居民家庭资产
参与率的财富分布特征与发达国家类似。

2. 城镇居民家庭金融市场参与率的房产占比分布

表 4.4 反映了城镇居民家庭金融市场参与率的房产占比分布
状况。本书根据家庭房产占比把样本家庭分为 4 组：首先，把没
有房产的家庭定义为占比为 0 的家庭①；其次，把房产占比大于 0
的家庭按照房产占比的大小从低到高排序，并以 25% 分位数和
75% 分位数为门槛值对家庭进行分组，将位于 25% 分位数以下的
家庭定义为低占比家庭，位于 25%~75% 的家庭定义为中等占比
家庭，位于 75% 以上的家庭定义为高占比家庭；最后，在分组的
基础上分别统计不同组的样本家庭在各类金融市场上的参与率状

---

① 房产作为中国家庭最重要的资产，拥有房产和没有房产的家庭在金融资产选择上
存在本质差异，因此有必要把没有房产的家庭单独作为一组进行统计。

况，得到表4.4。

表4.4 城镇居民家庭金融市场参与率的房产占比分布

金融资产类别	2011 年调查中的参与率/%				2013 年调查中的参与率/%			
	占比为0	低占比	中等占比	高占比	占比为0	低占比	中等占比	高占比
现金	95.96	97.58	97.35	93.85	96.57	96.92	97.30	93.74
活期存款	61.74	78.79	72.14	46.18	67.40	73.42	73.96	59.03
定期存款	18.04	34.05	24.47	7.91	23.64	25.79	26.18	10.68
无风险性债券	0.47	1.40	0.93	0.56	0.69	1.30	1.16	0.51
无风险性资产	97.98	98.98	98.93	95.81	97.84	98.29	98.52	96.38
股票	9.02	20.74	16.14	3.91	10.17	13.50	15.32	5.09
基金	4.67	10.51	6.93	1.58	4.70	7.05	6.78	2.42
风险性债券	0.16	0.56	0.09	0.00	0.19	0.32	0.21	0.00
金融衍生品	0.31	0.00	0.09	0.00	0.15	0.35	0.13	0.10
金融理财产品	1.56	2.88	2.09	0.00	2.98	4.29	4.30	0.76
非人民币资产	1.56	3.16	1.91	0.56	1.33	2.54	1.59	0.57
黄金	0.47	1.49	0.88	0.65	1.40	2.45	1.33	0.29
借出款	12.44	25.12	13.53	2.70	13.72	24.96	14.46	2.73
风险性资产	22.71	45.67	31.77	8.75	25.95	38.08	32.09	10.30
金融资产	98.44	99.16	99.16	95.90	97.98	98.51	98.68	96.41
样本量/个	643	1 075	2 150	1 074	5 939	3 149	6 298	3 146
总样本/个	4 942				18 532			

　　表4.4中2013年的调查数据显示，没有房产的家庭与拥有房产的家庭在金融市场的参与率上存在差异。没有房产的家庭在无风险性金融市场和风险性金融市场的参与率上均介于中等占比和高占比家庭之间，但小于低占比家庭。对于房产占比大于0的家庭而言，房产占比低和占比中等的家庭在金融资产的参与率上没有太大差异。但是，值得注意的是，房产占比高的家庭在金融市场的参与上，尤其是在风险性金融市场和股票市场的参与上远低

于房产占比低和占比中等的家庭，房产占比对家庭参与基金、风险性债券、金融衍生品、非人民币资产市场也呈现相同的影响趋势。根据对表4.4的分析，我们初步得出结论：房产占比对家庭参与风险性金融市场尤其是股票市场具有"挤出效应"。Kullmann 和 Siegel（2005）的研究发现，美国家庭的房产投资会降低家庭股票市场参与率，房产对于我国城镇居民家庭参与股市的影响与美国相似。

3. 城镇居民家庭金融市场参与率的商业保险分布

表4.5 根据家庭成员是否购买商业保险，把样本家庭分为两组，分别统计两组样本家庭在不同金融市场上的参与率。在商业保险的定义上，CHFS 调查问卷的商业保险模块，会询问每一个家庭成员"有没有以下的商业保险？"，回答一共有6个选项，①商业人寿保险；②商业健康保险；③商业养老保险；④商业财产保险（汽车保险除外）；⑤其他商业保险；⑥都没有。根据家庭成员对这一问题的回答，我们首先可以识别每一位家庭成员是否购买商业保险，然后综合每位家庭成员是否购买商业保险的情况，建立家庭层面商业保险虚拟变量，如果家庭至少有一人购买了商业保险，则认为家庭购买了商业保险，否则，认为家庭没有购买商业保险。

表4.5 表明，购买商业保险的家庭对金融市场的参与显著高于没有购买商业保险的家庭。在无风险性金融市场的参与上，有无商业保险的参与率分别为97.52%和99.23%，有无商业保险的家庭对风险性金融市场和股票市场的参与差别巨大，前者分别为21.4%和48.49%，后者分别为8.26%和23.35%。这表明未来的不确定性对家庭参与股票等风险性金融市场具有重要的影响，降

低了家庭对这类金融市场的参与率。但是商业保险等手段能够降低家庭面临的不确定性，进而提高家庭参与风险性金融市场的比率。

表 4.5　城镇居民家庭金融市场参与率的商业保险分布

金融资产类别	2011 年调查中的参与率/%		2013 年调查中的参与率/%	
	没有商业保险	有商业保险	没有商业保险	有商业保险
现金	96.42	96.63	95.90	98.11
活期存款	63.77	79.44	65.66	81.66
定期存款	20.93	27.53	20.51	30.20
无风险性债券	0.57	2.36	0.74	1.57
无风险性资产	97.93	99.10	97.52	99.23
股票	10.00	29.78	8.26	23.35
基金	4.37	14.83	3.70	11.40
风险性债券	0.12	0.45	0.10	0.46
金融衍生品	0.07	0.11	0.10	0.41
金融理财产品	1.06	4.83	2.26	6.82
非人民币资产	1.33	4.16	1.03	3.12
黄金	0.69	1.91	0.85	3.15
借出款	11.35	23.60	11.01	24.51
风险性资产	23.37	52.47	21.40	48.49
家庭金融资产总计	98.12	99.44	97.65	99.42
样本量/个	4 052	890	14 399	4 133
总样本/个	4 942		18 532	

4. 城镇居民家庭金融市场参与率的年龄分布

表 4.6 反映了城镇居民家庭金融市场参与率的年龄分布状况。本书根据家庭户主年龄把样本家庭分为 3 组，分组标准依据世界卫生组织的年龄分段标准，即 45 周岁以下定义为青年人，45~60 岁定义为中年人，60 周岁以上定义为老年人。根据这一标准，本书将整个样本为 45 岁以下、45~60 岁、60 岁以上三个子样本，分别统计其各类金融市场的参与情况。

表 4.6 中 2013 年的调查数据显示，不管户主年龄处于什么阶段，家庭主要以银行存款等无风险性资产作为家庭金融资产的持有形式，股票、基金、风险性债券、金融衍生品、金融理财产品、非人民币资产、黄金和借出款等风险性金融资产的参与率都不高。

此外，随着户主年龄的增长，家庭参与定期存款的比率不断增加，3 组分别为 19.83%、20.82% 和 28.58%。与此同时，家庭将减少对风险性金融市场和股票市场的参与，3 组对风险性金融市场的参与分别为 36.69%、25.25% 和 17.87%。家庭对其他风险性金融资产市场的参与率随年龄的增长也基本呈现递减的趋势。Guiso 等（2000）的研究发现，美国、英国、意大利、德国以及荷兰等国家家庭的股票参与率在年龄分布上呈现"钟形"特征。Arrondel 等（2002）的研究发现，法国家庭的股票参与率在年龄分布上也呈现"钟形"特征。由此可见，年龄对中国家庭金融资产参与率有重要影响，但影响趋势与发达国家存在一定的差异。

表 4.6 城镇居民家庭金融市场参与率的年龄分布

金融资产类别	2011 年调查中的参与率/%			2013 年调查中的参与率/%		
	小于 45 岁	45~60 岁	大于 60 岁	小于 45 岁	45~60 岁	大于 60 岁
现金	97.23	95.55	96.31	97.27	96.66	94.93
活期存款	71.77	62.52	62.62	75.15	65.60	65.75
定期存款	18.25	20.90	31.22	19.83	20.82	28.58
无风险性债券	0.60	0.55	1.93	0.49	0.96	1.45
无风险性资产	98.94	97.32	97.80	98.67	97.86	96.95
股票	16.64	12.86	8.71	13.39	11.86	9.03
基金	7.76	5.61	4.31	5.75	5.75	4.58
风险性债券	0.28	0.18	0.00	0.19	0.24	0.11
金融衍生品	0.18	0.00	0.00	0.27	0.16	0.04
金融理财产品	2.03	1.65	1.32	3.17	3.40	3.26
非人民币资产	2.22	1.58	1.50	1.84	1.39	1.17
黄金	1.43	0.43	0.62	2.45	0.94	0.43
借出款	20.52	9.38	6.33	22.93	11.30	5.52
风险性资产	37.01	24.38	18.73	36.69	25.25	17.87
金融资产总计	99.12	97.56	98.07	98.81	98.05	97.02
样本量/个	2 164	1 641	1 137	6 969	6 258	5 305
总样本/个	4 942			18 532		

5. 城镇居民家庭金融市场参与率的教育状况分布

表 4.7 反映了城镇居民家庭金融市场参与率的教育状况分布。本书根据家庭户主受教育水平把样本家庭分为 4 组，CHFS 问卷会询问每位家庭成员"您的文化程度是?"，这一问题对应 9 个选项：①没上过学；②小学；③初中；④高中；⑤中专/职高；⑥大专/高职；⑦大学本科；⑧硕士研究生；⑨博士研究生。本书根据户主对这一问题的回答构建户主受教育程度变量，具体来

说，如果户主选择⑦、⑧和⑨，则认为户主受教育程度为本科及以上；如果户主选择⑥，则认为户主受教育程度为大专；如果户主选择④和⑤，则认为户主受教育程度为高中（职高或中专）；如果户主选择①、②和③，则认为户主受教育程度为初中及以下。本书基于以上分组，分别统计家庭各类金融资产的参与率，如表4.7所示。

表4.7中2013年的调查数据显示，随着户主受教育水平的提高，家庭参与无风险性金融市场的比率没有太大的变化，分别为96.97%、98.61%、99.19%和99.16%。但是，随着户主受教育水平的提高，家庭持有活期存款和定期存款的比率明显提高。与此同时，家庭对风险性金融市场和股票市场的参与率随着户主受教育水平的提高有较大幅度的增加。其中，风险性金融市场的参与率分别为16.76%、31.36%、43.67%和48.41%，股票市场的参与率分别为4.54%、14.43%、21.96%和25.5%。随着户主受教育水平的提高，家庭参与基金、风险性债券、金融衍生品、金融理财产品和非人民币资产市场的比率均呈现出明显的增长趋势。总体来看，随着户主受教育水平的提升，家庭对股票等风险性金融市场的参与率有明显的提高。

表4.7　城镇居民家庭金融市场参与率的教育状况分布

金融资产类别	2011 年调查中的参与率/%				2013 年调查中的参与率/%			
	初中（以下）	高中	大专	本科（以上）	初中（以下）	高中	大专	本科（以上）
现金	96.69	96.31	96.15	96.16	95.43	97.24	97.60	97.58
活期存款	58.36	69.58	78.15	81.57	58.41	75.67	83.32	87.88
定期存款	18.10	23.11	26.92	31.03	18.08	25.13	28.33	31.35
无风险性债券	0.16	0.63	1.92	3.23	0.46	1.10	1.73	1.71

表4.7(续)

金融资产类别	2011年调查中的参与率/%				2013年调查中的参与率/%			
	初中 (以下)	高中	大专	本科 (以上)	初中 (以下)	高中	大专	本科 (以上)
无风险性资产	97.96	98.19	98.60	98.31	96.97	98.61	99.19	99.16
股票	5.93	15.25	24.13	29.65	4.54	14.43	21.96	25.50
基金	2.74	6.60	11.89	13.82	2.26	6.17	9.88	12.71
风险性债券	0.04	0.16	0.35	0.61	0.03	0.27	0.43	0.42
金融衍生品	0.00	0.08	0.00	0.46	0.02	0.11	0.34	0.71
金融理财产品	0.74	1.57	2.45	5.22	1.27	3.36	6.09	8.65
非人民币资产	0.82	1.65	2.45	5.53	0.62	1.48	2.49	4.14
黄金	0.57	0.71	1.22	2.30	0.65	1.44	2.01	3.51
借出款	10.95	13.44	18.71	19.05	10.57	14.90	20.09	20.82
风险性资产	18.55	30.58	44.76	48.39	16.76	31.36	43.67	48.41
金融资产	98.12	98.43	98.95	98.62	97.07	98.78	99.38	99.33
样本量/个	2 447	1 272	572	651	9 529	4 525	2 086	2 392
总样本/个	4 942				18 532			

6. 城镇居民家庭金融市场参与率的健康状况分布

表4.8反映了城镇居民家庭金融市场参与率的健康状况分布。本书根据户主自评健康状况把样本家庭分为3组,即身体健康、一般和不健康3个组别。具体来说,CHFS在问卷中设计了相关问题了解受访者的自评健康状况,"与同龄人相比,您的身体状况如何?",共有5个对应选项:①非常好;②好;③一般;④差;⑤非常差。本书根据户主对该问题的回答构建户主健康状况虚拟变量,如果户主选择①和②,则家庭属于身体健康组;如果户主选择③,则家庭属于健康状况一般组;如果户主选择④和⑤,则家庭属于不健康组。

基于健康分组后的样本分别统计的每组家庭金融资产参与率

的情况，如表 4.8 所示。表 4.8 中 2013 年的调查数据显示，随着户主健康状况的改善，家庭对无风险性金融市场的参与没有太大变化，但会增加活期存款的持有比率；户主健康状况的提升会促使家庭更多地参与风险性金融市场，身体不健康、一般和健康 3 个组参与风险性金融市场的比重分别为 22.59%、31.59% 和 33.93%，对包括股票、基金在内的各种风险性金融市场的参与率也有明显的正向影响。这一现象与 Rosen 等（2004）对美国家庭金融资产配置的研究基本一致，他们发现健康状况的恶化会负向影响居民对于风险资产的投资意愿。健康状况对我国城镇居民家庭金融市场参与的影响与美国类似。

表 4.8　城镇居民家庭金融市场参与率的健康状况分布

金融资产类别	2011 年调查中的参与率/%			2013 年调查中的参与率/%		
	不健康	一般	健康	不健康	一般	健康
现金	94.54	97.03	97.45	95.74	97.16	97.16
活期存款	59.27	67.12	71.77	65.40	72.04	74.66
定期存款	16.94	25.82	22.91	22.37	23.26	22.85
无风险性债券	0.69	0.99	0.96	0.93	0.90	0.93
无风险性资产	96.96	98.20	98.99	97.31	98.50	98.63
股票	10.72	13.99	15.36	10.13	13.59	13.18
基金	3.60	6.93	7.71	4.76	6.32	6.09
风险性债券	0.21	0.12	0.21	0.13	0.21	0.27
金融衍生品	0.07	0.06	0.11	0.12	0.09	0.30
金融理财产品	1.31	1.49	2.29	2.94	3.32	3.87
非人民币资产	1.80	1.24	2.39	1.30	1.83	1.65
黄金	0.90	0.62	1.17	0.95	1.62	1.99

表4.8(续)

金融资产类别	2011 年调查中的参与率/%			2013 年调查中的参与率/%		
	不健康	一般	健康	不健康	一般	健康
借出款	9.75	11.95	17.86	10.41	15.78	19.69
风险性资产	21.92	28.24	34.08	22.59	31.59	33.93
家庭金融资产总计	97.16	98.51	99.15	97.45	98.68	98.75
样本量/个	1 446	1 615	1 881	5 273	3 340	9 919
总样本/个	4 942			18 532		

7. 城镇居民家庭金融市场参与率的风险态度分布

表4.9反映了城镇居民家庭金融市场参与率的风险态度分布状况。本书根据户主主观风险态度把样本家庭分为3组,即风险偏好、风险中性和风险厌恶3个组。具体来看,CHFS 调查问卷在受访者的主观态度模块会询问被访者"如果您有一笔钱,您愿意选择哪种投资项目?",对这一问题的回答共有5个选项:①高风险,高回报项目;②略高风险,略高回报的项目;③平均风险,平均回报的项目;④略低风险,略低回报的项目;⑤不愿意承担任何风险。本书将选择①和②的家庭界定为风险偏好型,将选择③的家庭界定为风险中性型,将选择④和⑤的家庭界定为风险厌恶型。

本书基于分组后的样本,分别统计其在各类金融市场的参与率,如表4.9所示。表4.9中2013年的数据显示,风险偏好组内的家庭,在无风险性的定期存款上的参与率较低,在风险性金融市场上的参与率较高。在股票市场的参与上,风险偏好、风险中性和风险厌恶3个组别的家庭差异明显,参与率分别为25.19%、16.18%和7.68%。风险态度的转变(由厌恶变为偏好)对提高包括股票、基金、风险性债券、金融衍生品、金融理财产品、非

81

人民币资产在内的各种风险性金融市场的参与率有显著的促进作用。由此我们可以初步推断，风险态度是影响家庭金融市场参与的重要影响因素。

表 4.9　城镇居民家庭金融市场参与率的风险态度分布

金融资产类别	2011 年调查中的参与率/%			2013 年调查中的参与率/%		
	风险偏好	风险中性	风险厌恶	风险偏好	风险中性	风险厌恶
现金	96.81	96.54	96.33	96.69	97.32	96.03
活期存款	75.14	72.26	61.75	76.59	78.45	64.78
定期存款	19.31	20.68	23.51	18.89	23.54	23.04
无风险性债券	1.11	0.88	0.84	0.65	0.93	0.97
无风险性资产	98.75	98.45	97.83	98.27	98.78	97.53
股票	27.64	16.04	8.84	25.19	16.18	7.68
基金	10.42	8.02	4.37	8.49	7.36	4.21
风险性债券	0.28	0.22	0.14	0.37	0.45	0.06
金融衍生品	0.42	0.00	0.03	0.93	0.19	0.02
金融理财产品	3.06	2.21	1.19	5.83	4.87	2.28
非人民币资产	4.44	1.62	1.29	3.50	2.03	0.96
黄金	1.81	0.96	0.66	3.31	2.01	0.80
借出款	22.50	17.66	9.36	24.72	20.45	9.93
风险性资产	48.33	34.88	20.68	47.43	38.06	20.28
金融资产总计	99.03	98.75	98.01	98.46	98.95	97.66
样本量/个	720	1 359	2 863	2 144	4 185	12 203
总样本/个	4 942			18 532		

4.2 城镇居民家庭金融市场参与模型的构建

4.2.1 变量选取与赋值

本节将在 4.1 节描述性统计的基础上，选择影响家庭金融市场参与率的因素，构建 3 个模型，对家庭金融市场参与状况进行实证研究。这 3 个模型分别是：①风险性金融市场参与率模型；②股票市场参与率模型；③家庭储蓄存款参与率模型。本节利用 CHFS 微观家庭数据，实证检验了家庭参与金融市场受到哪些因素的影响，并对估计结果进行稳健性检验。3 个实证模型对应的被解释变量分别为：①是否参与风险金融市场虚拟变量（p^{risk}），家庭参与风险性金融市场该变量取值为 1，否则为 0；②是否参与股票市场虚拟变量（p^{stock}），家庭参与股票市场该变量取值为 1，否则为 0；③是否有储蓄存款虚拟变量（p^{saving}），家庭有储蓄存款该变量取值为 1，否则为 0。这 3 个模型有相同的解释变量，这些解释变量由家庭特征变量、户主特征变量和区域控制变量 3 个部分构成。具体来看：

1. 家庭特征变量

家庭特征变量包括家庭收入、家庭财富（总资产）、房产价值占家庭总资产的比重、家庭商业保险购买状况和家庭规模。以下将逐一说明变量赋值的具体内容。

家庭总收入变量（$income$）。根据 CHFS 的问卷设计，家庭收入由 5 个部分构成，即工资性收入、经营性收入、财产性收入、转移性收入和出售财务收入。本书所说的家庭收入是这 5 个部分收入的总和。此外，本书在实证分析中还引入家庭总收入的平方变量（$income^2$），以检验家庭收入是否对家庭金融市场参与行为具有非线性影响。

家庭财富变量（$wealth$）。家庭财富（家庭总资产）包括家庭非金融资产、家庭金融资产和家庭其他资产共 3 个部分，本书采用这 3 个部分的总和来衡量家庭财富（家庭总资产）。同样，为了考察家庭财富是否对家庭金融市场参与有非线性的影响，本书在实证模型中引入家庭财富的平方变量（$wealth^2$）。

房产占家庭总资产比重变量（$house$）。随着房地产市场在中国的快速发展，房产对家庭金融资产的选择具有日益重要的影响。本书构建家庭房产市值占家庭总资产的比重变量，检验房产投资对家庭金融资产选择是否具有替代或互补效应。

工商业生产经营变量（$business$）。在 CHFS 问卷中会问"去年，您家是否从事工商业生产经营项目？"，如果回答"是"则该变量取值为 1，如果回答"否"则该变量取值为 0。

商业保险变量（$insurance$）。在 CHFS 调查问卷的商业保险模块，会询问每一个家庭成员"有没有以下的商业保险？"，回答一共有 6 个选项：①商业人寿保险；②商业健康保险；③商业养老保险；④商业财产保险（汽车保险除外）；⑤其他商业保险；⑥都没有。根据家庭成员对这一问题的回答，我们首先可以识别每一位家庭成员是否购买商业保险，然后综合每位家庭成员是否购买商业保险的情况，建立家庭层面商业保险虚拟变量。如果家庭至少有一人购买了商业保险，则商业保险虚拟变量取值为 1，其他取值为 0。

家庭规模变量（$fscale$）。根据 CHFS 对家庭成员的定义，该变量用来衡量符合该定义的家庭人数的多少。

2. 户主特征变量

户主特征变量包括户主年龄、受教育程度、健康状况、风险态度、户主性别、户主婚姻状况、政治面貌（是否党员）。其中：

户主年龄变量（age_j）。本书根据世界卫生组织的年龄分段标准建立户主年龄虚拟变量，如果户主年龄在 45 周岁以下，则为青年人，此时（age_1）取值为 1，其他为 0；如果户主年龄为 45～60 岁，则为中年人，此时（age_2）取值为 1，其他为 0；如果户主年龄在 60 周岁以上，则为老年人，此时（age_3）取值为 1，其他为 0。本书在实证分析中以老年户主作为参照组，引入青年户主（age_1）和中年户主（age_2）两个虚拟变量。

户主受教育程度变量（$education_j$）。CHFS 问卷会询问每位家庭成员"您的文化程度是?"，这一问题对应 9 个选项：①没上过学；②小学；③初中；④高中；⑤中专/职高；⑥大专/高职；⑦大学本科；⑧硕士研究生；⑨博士研究生。本书根据户主对这一问题的回答构建户主受教育程度变量。具体来说，如果户主选择⑦、⑧和⑨，则户主受教育程度为本科及以上，（$education_1$）取值为 1，其他为 0；如果户主选⑥，则户主受教育程度为大专（或高职），（$education_2$）取值为 1，其他为 0；如果户主选择④和⑤，则户主受教育程度为高中（职高或中专），（$education_3$）取值为 1，其他为 0；如果户主选择①、②和③，则认为户主受教育程度为初中及以下，（$education_4$）取值为 1，其他为 0。本书在实证分析中以受教育程度为初中及以下（$education_4$）的户主作为参照组，引入是否本科以上（$education_1$）户主、是否大专（或高职）（$education_2$）户主和是否高中（职高或中专）（$education_3$）户主三个虚拟变量。

户主健康状况变量（$health_j$）。CHFS 设计相关问题询问受访者的自评健康状况，"与同龄人相比，您的身体状况如何？"，共有 5 个对应选项：①非常好；②好；③一般；④差；⑤非常差。本书根据户主对该问题的回答构建户主健康状况虚拟变量。具体来说，如果户主选择①和②，则户主身体健康，（$health_1$）取值为 1，其他为 0；如果户主选择③，则户主身体健康状况一般，（$health_2$）取值为 1，其他为 0；如果户主选择④和⑤，则户主身体不健康，（$health_3$）取值为 1，其他为 0。本书在实证分析中以身体不健康的户主（$health_3$）作为参照组，引入是否身体健康的户主（$health_1$）和是否身体健康状况一般的户主（$health_2$）两个虚拟变量。

户主风险态度（$riskatt_j$）。CHFS 调查问卷在受访者的主观态度模块会询问被访者"如果您有一笔钱，您愿意选择哪种投资项目？"，对这一问题的回答共有 5 个选项：①高风险，高回报项目；②略高风险，略高回报的项目；③平均风险，平均回报的项目；④略低风险，略低回报的项目；⑤不愿意承担任何风险。本书将选择①和②的户主界定为风险偏好型，（$riskatt_1$）取值为 1，否则为 0；将选择选项③的户主界定为风险中性型，（$riskatt_2$）取值为 1，否则为 0；将选择选项④和⑤的户主界定为风险厌恶型，（$riskatt_3$）取值为 1，否则为 0。本书在实证分析中以风险厌恶型户主（$riskatt_3$）作为参照组，引入是否风险偏好型户主（$riskatt_1$）和是否风险中性户主（$riskatt_2$）两个虚拟变量。

户主性别（$gender$）。户主性别为虚拟变量，如果户主为男性该变量取值为 1，户主为女性则该变量取值为 0。

户主婚姻状况变量（$married$）。CHFS 在问卷中会询问 16 岁以上受访者"您的婚姻状况是?",回答共有 6 个选项:①未婚;②已婚;③同居;④分居;⑤离婚;⑥丧偶。如果户主回答选项②,则本书界定户主婚姻状况为已婚,婚姻状况虚拟变量(*married*)取值为 1,否则为 0。

户主是否党员变量(*party*)。CHFS 会询问受访者及其配偶"您的政治面貌是?",对该问题的回答共有 4 个选项:①共青团员;②中共党员;③民主党派或其他党派;④群众。如果户主回答选项②,则本书界定户主政治面貌为中共党员,是否党员虚拟变量(*party*)取值为 1,否则为 0。

3. 区域控制变量

我国地域广袤,东、中、西部地区的经济发展水平不一,金融市场的完善程度不同,不同区域的文化和风俗习惯也存在差异。本书考虑这种区域异质性,构建东部、中部、西部地区虚拟变量($region_j$)控制区域差异。如果样本家庭属于东部省份,则东部虚拟变量($region_1$)取值为 1,否则为 0;如果样本家庭属于中部省份,则中部虚拟变量($region_2$)取值为 1,否则为 0;如果样本家庭属于西部省份,则西部虚拟变量($region_3$)取值为 1,否则为 0。本书在实证分析中以西部省份的户主($region_3$)作为参照组,引入是否东部省份($region_1$)和是否中部省份($region_2$)两个虚拟变量。

各变量的赋值说明见表 4.10,变量的描述性统计见表 4.11。

表 4.10　城镇居民家庭金融市场参与率
模型的变量设定与变量赋值

变量类型	变量名称	变量含义	变量赋值说明
被解释变量	p^{risk}	是否参与风险性金融市场	参与，赋值为 1；不参与，赋值为 0
	p^{stock}	是否参与股票市场	参与，赋值为 1；不参与，赋值为 0
	p^{saving}	是否有储蓄存款	有，赋值为 1；没有，赋值为 0
解释变量	$income$	家庭收入	家庭的年度可支配收入/千元
	$income^2$	家庭收入的平方	$income \times income$
	$wealth$	家庭资产	家庭的资产总和＝实物资产+金融资产/千元
	$wealth^2$	家庭资产的平方	$wealth \times wealth$
	$house$	房产占比	家庭房产价值占家庭总资产的比重/%
	$business$	是否从事工商业	家庭从事工商业经营，赋值为 1；不从事工商业经营，赋值为 0
	$insurance$	是否购买商业保险	家庭有成员购买商业保险，赋值为 1；没有购买，赋值为 0
	$fscale$	家庭规模	家庭总人口/人
	age_j	户主年龄	取值为 0、1 的离散型虚拟变量。age_j = 1 分别表示户主为青年（45 周岁以下）（j = 1）、中年（45~60 岁）（j = 2）、老年（60 周岁以上）（j = 3）

表4.10(续)

变量类型	变量名称	变量含义	变量赋值说明
解释变量	$education_j$	户主受教育程度	取值为 0、1 的离散型虚拟变量。$education_j$ = 1 分别表示本科及以上（j = 1）、专科或高职（j = 2）、高中、职高或中专（j = 3）、初中及以下（j = 4）
	$health_j$	户主健康状况	取值为 0、1 的离散型虚拟变量。$health_j$ = 1 分别表示户主身体很健康（j = 1）、身体健康状况一般（j = 2）、身体不健康（j = 3）
	$riskatt_j$	户主风险态度	取值为 0、1 的离散型虚拟变量。$riskattd_j$ = 1 分别表示户主为风险偏好（j = 1）、风险中性（j = 2）、风险厌恶（j = 3）
	$gender$	户主性别	户主为男性，赋值为 1；户主为女性，赋值为 0
	$married$	户主婚姻状况	户主已婚，赋值为 1；其他情况，赋值为 0
	$party$	户主是否党员	户主为党员，赋值为 1；户主不是党员，赋值为 0
	$region_j$	地区虚拟变量	取值为 0、1 的离散型虚拟变量。$region_j$ = 1 分别表示东部地区（j = 1）、中部地区（j = 2）、西部地区（j = 3）

4.2.2 变量的描述性统计

从表 4.11 可知，2011 年和 2013 年的调查样本中，城镇居民家庭参与风险性金融市场的比率不高，分别为 29% 和 27%。其中参与股票市场的比重很低，分别只有 14% 和 12%，中国城镇居民家庭在股市的参与率上存在"有限参与之谜"的现象。城镇居民家庭拥有储蓄存款的比率较高，分别达到71%和73%。

居民家庭收入在这两年调查时的均值分别约为6.9万元和8.4万元，居民家庭收入增长明显；家庭总资产分别约为78.5万元和92.1万元，其中房产占家庭金融资产的比重较高，分别为68.71%和59.88%，房产已经成为中国家庭最主要的资产；从事工商业的家庭占比分别为15%和16%；家庭购买商业保险的比率不高但增长很快，分别为18%和22%；家庭规模在这两年基本一致，每个家庭大约为3人，这与中国长期实行计划生育政策的现状一致。2013年的调查显示，户主60周岁以上的家庭占比达到29%，中国正在步入老龄化社会；户主受教育程度分布存在显著差异，50%以上的家庭户主仅有初中文化，高中文化水平的比率为24%，专科和本科占比分别为11%和13%；家庭在健康状况上的分布比较平均，但有接近三分之一的户主自评健康状况为不健康；绝大部分家庭是风险厌恶型，但有接近12%的户主是风险偏好型；绝大部分户主为已婚男性，户主为党员的占比为20%，东中西部样本分别为52%、27%和21%。

表 4.11　变量的描述性统计

变量名	2011 年调查数据		2013 年调查数据	
	平均值	标准差	平均值	标准差
参与风险性金融市场/%	29	45	27	45
参与股票市场/%	14	34	12	32
参与储蓄存款市场/%	71	45	73	44
家庭收入/千元	68.93	167.8	84.22	161.49

表4.11（续）

变量名	2011 年调查数据		2013 年调查数据	
	平均值	标准差	平均值	标准差
家庭总资产/千元	784.57	1 335.15	920.76	1 393.42
房产占比/%	68.71	32.9	59.88	39.52
从事工商业	0.15	0.36	0.16	0.37
购买商业保险	0.18	0.38	0.22	0.42
家庭规模/人	3.24	1.38	3.23	1.44
45 周岁以下	0.44	0.50	0.38	0.48
45~60 岁	0.33	0.47	0.34	0.47
60 周岁以上	0.23	0.42	0.29	0.45
本科及以上	0.13	0.34	0.13	0.34
专科（高职）	0.12	0.32	0.11	0.32
高中（职高或中专）	0.26	0.44	0.24	0.43
初中以下	0.50	0.50	0.51	0.50
身体健康	0.38	0.49	0.38	0.45
一般健康	0.33	0.47	0.28	0.38
身体不健康	0.29	0.45	0.34	0.50
风险偏好	0.15	0.35	0.12	0.32
风险中性	0.27	0.45	0.23	0.42
风险厌恶	0.58	0.49	0.66	0.47
户主性别	0.67	0.47	0.7	0.46
户主婚姻	0.85	0.36	0.84	0.37
是否党员	0.20	0.40	0.20	0.40
东部	0.57	0.50	0.52	0.50

表4.11(续)

变量名	2011 年调查数据		2013 年调查数据	
	平均值	标准差	平均值	标准差
中部	0.25	0.43	0.27	0.45
西部	0.18	0.38	0.21	0.4
样本量/个	4 942		18 532	

4.2.3　模型的选择与设定

本书将家庭是否参与金融市场作为因变量，为二分类虚拟变量。因此，本章建立家庭金融市场参与的 Logit 模型，采用二值 Logistic 方法进行回归分析。本书的解释变量大多为有序分类变量，对于此类变量，一种处理方法是将每个多分类定性变量转化为若干二分类定性变量；另一种处理方法是给变量的各个选项赋予一定的数值，将变量作为连续变量来使用。尽管第二种方法在建模的简洁性上具有优势，但该方法要求赋值大小尽可能与实际一致，否则可能由于赋值不当而引起估计偏差。因此，本书采用第一种方法进行计量分析。本部分所采用的计量分析模型如下：

$$
\begin{aligned}
\ln \frac{p_i^f}{1 - p_i^f} = {} & \beta_0 + \beta_1 income_i + \beta_2 income_i^2 + \beta_3 wealth_i + \\
& \beta_4 wealth_i^2 + \beta_5 house_i + \beta_6 business_i + \beta_7 insurance_i + \\
& \beta_8 fscale_i + \sum_{j=1}^{2} \beta_{9j} age_{ji} + \sum_{j=1}^{3} \beta_{10j} education_{ji} + \\
& \sum_{j=1}^{2} \beta_{11j} health_{ji} + \sum_{j=1}^{2} \beta_{12j} riskatt_{ji} + \beta_{13} gender_i + \\
& \beta_{14} married_i + \beta_{15} party_i + \sum_{j=1}^{2} \beta_{16j} region_{ji} + \varepsilon_i
\end{aligned}
$$

其中，p_i^f 表示家庭持有 f 类金融资产的概率，以此来衡量家庭参与 f 类金融市场的意愿，其中 $f = risk,\ stock,\ saving$；$1 - p_i^f$ 表示家庭不持有 f 类金融资产的概率，$p_i^f / (1 - p_i^f)$ 表示家庭持有 f 类金融资产的发生比，即持有 f 类金融资产的概率除以不持有风险资产的概率。β_0 是常数项，被解释变量和解释变量的含义见表 4.10。β_1、β_2、β_3、β_4、β_5、β_6、β_7、β_8、β_{9j}、β_{10j}、β_{11j}、β_{12j}、β_{13}、β_{14}、β_{15}、β_{16j} 分别为对应解释变量的系数，ε_i 是随机误差项。

4.3　Logit 模型的估计与检验[①]

4.3.1　Logit 模型的估计方法

假设个体只有两种选择，比如 $y_i = 1$（第 i 个家庭参与金融市场）或 $y_i = 0$（第 i 个家庭不参与金融市场）。所有解释变量都包括在向量 x 中。"线性概率模型"（linear probability model, LPM）：

by$_i = x_i'\beta + \varepsilon_i\ (i = 1,\ \cdots,\ n)$

为了保证 y_i 的预测值总是在 $[0,\ 1]$ 区间，给定 x，考虑 y_i 的两点分布的概率：

$$\begin{cases} P(y_i = 1 \mid x) = F(x,\ \beta) \\ P(y_i = 0 \mid x) = 1 - F(x,\ \beta) \end{cases}$$

函数 $F(x,\ \beta)$ 被称为"连接函数"（link function）。选择合

---

① 本部分内容主要参考：陈强. 高级计量经济学及 Stata 应用 [M]. 2 版. 北京：高等教育出版社，2014；伍德里奇. 横截面与面板数据的经济计量分析 [M]. 王忠玉，译. 北京：中国人民大学出版社，2007；卡梅伦，特里维迪. 用 Stata 学微观计量经济学 [M]. 肖光恩，译. 重庆：重庆大学出版社，2015.

适的 $F(x, \beta)$，可保证 y_i 的预测值 $\hat{y}_i$ 在 $[0, 1]$ 区间，可以将 $\hat{y}_i$ 理解为 $y_i = 1$ 发生的概率，因为

$$\hat{y}_i = E(y_i \mid x) = 1 \times P(y_i = 1 \mid x) + 0 \times P(y_i = 0 \mid x) = P(y_i = 1 \mid x)$$

如果 $F(x, \beta)$ 为"逻辑分布"（logistic distribution）的累积分布函数：

$$F(x, \beta) = \Lambda(x_i'\beta) = \frac{\exp(x_i'\beta)}{1 + \exp(x_i'\beta)}$$

该模型称为 Logit 模型，其中逻辑分布的密度函数关于原点对称，期望为 0，方差为 $\pi^2/3$（大于标准正态的方差），具有厚尾（fat tails）特征。由于 Logit 模型为非线性模型，本书进行极大似然（MLE）估计。第 i 个观察数据的概率密度为

$$f(y_i \mid x_i, \beta) = \begin{cases} \Lambda(x_i'\beta)，若 y_i = 1 \\ \\ 1 - \Lambda(x_i'\beta)，若 y_i = 0 \end{cases}$$

也可以写为：$f(y_i \mid x_i, \beta) = [\Lambda(x_i'\beta)]^{y_i} [1 - \Lambda(x_i'\beta)]^{1-y_i}$。取对数可得：

$$\ln f(y_i \mid x_i, \beta) = y_i \ln[\Lambda(x_i'\beta)] + (1 - y_i) \ln[1 - \Lambda(x_i'\beta)]$$

如果样本中的观察个体互相独立，则整个样本的对数似然函数为

$$\ln L(\beta \mid y, x) = \sum_{i=1}^{n} y_i \ln[\Lambda(x_i'\beta)] + \sum_{i=1}^{n} (1 - y_i) \ln[1 - \Lambda(x_i'\beta)]$$

值得注意的是，在 Logit 模型中，估计量 $\hat{\beta}_k$ 并非解释变量 x_k 的边际效应（marginal effects），边际效应应当等于：

$$\frac{\partial\ P(y_i=1\mid x)}{\partial\ x_k}=\frac{\partial\ P(y_i=1\mid x)}{\partial\ (x_i'\beta)}\times\frac{\partial\ (x_i'\beta)}{\partial\ x_k}=z(x_i'\beta)\times\hat{\beta}_k$$

其中，$z(x_i'\beta)$ 为"逻辑分布"的概率密度函数。因此，边际效应不是常数，而是随着解释变量而变。对于本章的分析而言，本章采用平均边际效应（average marginal effect）的计算方法，即分别计算在每个样本观测值上的边际效应，然后进行简单算术平均（这也是 Stata 的默认方法）。在 Logit 模型，虽然估计量 $\hat{\beta}_k$ 并非解释变量 x_k 的边际效应，但其也有特定的含义。假设：$p=\dfrac{\exp(x_i'\beta)}{1+\exp(x_i'\beta)}$，那么，$1-p=1-\dfrac{\exp(x_i'\beta)}{1+\exp(x_i'\beta)}$，因此，

$$\frac{p}{1-p}=\exp(x_i'\beta)\ ，\ \ln(\frac{p}{1-p})=x_i'\beta$$

其中，$p/(1-p)$ 被称为"概率比"（odds ratio）或"相对风险"（relative risk）。因此，$\hat{\beta}_k$ 表示解释变量 x_k 增加一个微小量所引起"对数概率比"（log-odds ratio）的边际变化。$\hat{\beta}_k$ 也可被视为半弹性，即 x_k 增加一单位引起概率比的变化百分比。

另一解释：假设 x_k 增加 1 个单位，从 x_k 变为 x_k+1，p 的新值为 p^*，则新概率比与原概率比的比率可写为

$$\frac{\frac{p^*}{1-p^*}}{\frac{p}{1-p}}=\frac{\exp[\beta_0+\beta_1x_1+\cdots+\beta_k(x_k+1)+\cdots+\beta_Nx_N]}{\exp[\beta_0+\beta_1x_1+\cdots+\beta_kx_k+\cdots+\beta_Nx_N]}=$$

$\exp(\beta_k)$

$\exp(\beta_k)$ 表示解释变量 x_k 增加 1 个单位引起概率比的变化倍数。正是基于此，Stata 称 $\exp(\beta_k)$ 为概率比。

4.3.2　Logit 模型的检验

由于不存在平方和分解公式，我们无法计算 Logit 模型的拟合优度 R^2。但是，Stata 仍然在估计结果中报告一个"准 R^2"（Pseudo R^2），该统计量由 McFadden（1974）提出：

$$Pseudo\ R^2 = \frac{\ln L_0 - \ln L_1}{\ln L_0}$$

其中，$\ln L_1$ 为原模型的对数似然函数的最大值，而 $\ln L_0$ 为以常数项为唯一解释变量的对数似然函数最大值。由于解释变量 y_i 为离散的两点分布，似然函数的最大可能值为 1，故对数似然函数的最大可能值为 0，记为 $\ln L_{max}$。由于 $\ln L_0 \leqslant \ln L_1 \leqslant 0$，因此"准 R^2"也可以表示为

$$Pseudo\ R^2 = \frac{\ln L_1 - \ln L_0}{\ln L_{max} - \ln L_0}$$

判断 Logit 模型的拟合优度的另一方法是计算"正确预测的百分比"（percent correctly predicted）。如果发生概率的预测值 $\hat{y}_i \geqslant 0.5$，则认为其预测 $y = 1$；反之，则认为其预测 $y = 0$。将预测值与实际值（样本数据）进行比较，就能计算正确预测的百分比。

4.4　实证结果

4.4.1　模型估计结果与分析

表 4.12 是基于中国家庭金融调查中心 2011 年的城镇居民家庭调查数据，采用极大似然法对家庭风险性金融市场参与率、股票市场参与率和储蓄存款参与率模型进行估计的结果，各变量系

数的估计值见表 4.12。为了使变量的回归系数直观上更容易让人理解，本书把家庭总收入、家庭资产数量的单位由元转变为千元①。为了避免模型估计中可能存在的异方差问题，表 4.12 中的标准误均采用稳健性标准误。表 4.12 中的第（1）、（2）和（3）列为发生比的估计结果②，第（4）、（5）和（6）列为所有解释变量的平均边际效应估计结果③。

表 4.12　城镇居民家庭金融市场参与率模型的估计结果

解释变量	Logit 模型			Logit 模型		
	发生比			平均边际效应		
	（1）	（2）	（3）	（4）	（5）	（6）
	风险性金融市场参与	股票市场参与	储蓄存款市场参与	风险性金融市场参与	股票市场参与	储蓄存款市场参与
收入	1.000 4 *** (0.000 1)	1.000 1 * (0.000 1)	1.001 0 *** (0.000 3)	0.000 4 *** (0.000 1)	0.000 1 * (0.000 1)	0.001 0 *** (0.000 3)
收入平方	1.000 0 *** (0.000 0)	1.000 0 * (0.000 0)	1.000 0 *** (0.000 0)	-0.000 0 *** (0.000 0)	-0.000 0 * (0.000 0)	-0.000 0 *** (0.000 0)
总资产	1.000 1 *** (0.000 0)	1.000 1 *** (0.000 0)	1.000 1 *** (0.000 0)	0.000 1 *** (0.000 0)	0.000 1 *** (0.000 0)	0.000 1 *** (0.000 0)
总资产平方	1.000 0 *** (0.000 0)	1.000 0 *** (0.000 0)	1.000 0 *** (0.000 0)	-0.000 0 *** (0.000 0)	-0.000 0 *** (0.000 0)	-0.000 0 *** (0.000 0)
房产占比	0.998 4 *** (0.000 2)	0.999 2 *** (0.000 1)	0.998 8 *** (0.000 2)	-0.001 6 *** (0.000 2)	-0.000 8 *** (0.000 1)	-0.001 2 *** (0.000 2)
从事工商业	0.973 6 (0.017 2)	0.914 9 *** (0.013 8)	0.958 2 ** (0.017 6)	-0.026 8 (0.017 7)	-0.089 0 *** (0.015 1)	-0.042 7 ** (0.018 4)
商业保险	1.148 0 *** (0.015 7)	1.081 2 *** (0.010 5)	1.110 9 *** (0.021 2)	0.138 0 *** (0.013 7)	0.078 1 *** (0.009 7)	0.105 1 *** (0.019 1)

① 如果以元为单位进行模型拟合，则回归系数很小，经济意义不容易理解。
② 本书遵循已有文献传统，同时列出了 Logit 模型的发生比（odds ratio），但限于篇幅，没有给出解释。感兴趣的读者也可以从发生比的视角理解估计结果的经济含义。
③ 边际效应有多重计算方式，例如：所有解释变量的平均边际效应、所有解释变量在样本均值处的边际效应、所有解释变量在某一变量具体取值处的边际效应等。本书参照大多数文献的传统，列出了所有变量平均边际效应的估计结果，并基于平均边际效应对回归结果进行经济意义解释。

表4.12(续)

解释变量	Logit 模型			Logit 模型		
	发生比			平均边际效应		
	（1）	（2）	（3）	（4）	（5）	（6）
	风险性金融市场参与	股票市场参与	储蓄存款市场参与	风险性金融市场参与	股票市场参与	储蓄存款市场参与
家庭规模	0.996 9 (0.004 8)	0.996 1 (0.003 6)	0.987 9 *** (0.004 6)	−0.003 1 (0.004 8)	−0.003 9 (0.003 6)	−0.012 2 *** (0.004 7)
45 周岁以下	1.071 3 *** (0.018 5)	1.013 6 (0.014 4)	0.983 5 (0.016 9)	0.068 9 *** (0.017 3)	0.013 5 (0.014 2)	−0.016 7 (0.017 2)
45~60 岁	1.008 8 (0.017 6)	1.009 4 (0.014 1)	0.952 4 *** (0.015 7)	0.008 7 (0.017 4)	0.009 3 (0.014 0)	−0.048 8 *** (0.016 5)
本科及以上	1.066 5 *** (0.021 6)	1.083 0 *** (0.015 6)	1.087 1 *** (0.027 9)	0.064 4 *** (0.020 3)	0.079 7 *** (0.014 4)	0.083 5 *** (0.025 6)
专科	1.105 0 *** (0.020 7)	1.091 7 *** (0.015 3)	1.073 7 *** (0.025 6)	0.099 8 *** (0.018 7)	0.087 7 *** (0.014 0)	0.071 1 *** (0.023 9)
高中	1.060 2 *** (0.015 3)	1.075 5 *** (0.012 6)	1.059 0 *** (0.016 0)	0.058 5 *** (0.014 4)	0.072 8 *** (0.011 7)	0.057 3 *** (0.015 1)
身体健康	1.026 4 * (0.015 6)	0.989 2 (0.011 9)	1.049 7 *** (0.016 1)	0.026 1 * (0.015 2)	−0.010 9 (0.012 0)	0.048 5 *** (0.015 4)
一般健康	1.030 0 * (0.015 6)	1.006 8 (0.011 9)	1.045 9 *** (0.016 0)	0.029 6 * (0.015 1)	0.006 8 (0.011 8)	0.044 9 *** (0.015 3)
风险偏好	1.139 3 *** (0.018 1)	1.100 4 *** (0.012 6)	1.035 8 * (0.020 4)	0.130 4 *** (0.015 9)	0.095 7 *** (0.011 4)	0.035 2 * (0.019 7)
风险中性	1.056 6 *** (0.014 3)	1.032 4 *** (0.011 0)	1.027 5 * (0.015 4)	0.055 1 *** (0.013 6)	0.031 9 *** (0.010 7)	0.027 1 * (0.015 0)
户主性别	1.023 2 * (0.013 1)	0.991 6 (0.009 6)	1.011 5 (0.013 6)	0.022 9 * (0.012 8)	−0.008 4 (0.009 7)	0.011 5 (0.013 5)
户主婚姻	0.995 0 (0.017 2)	1.036 8 ** (0.015 0)	1.027 2 (0.018 4)	−0.005 1 (0.017 3)	0.036 2 ** (0.014 5)	0.026 9 (0.017 9)
是否党员	1.005 7 (0.015 7)	1.019 4 * (0.011 2)	1.049 0 *** (0.019 3)	0.005 7 (0.015 7)	0.019 2 * (0.011 0)	0.047 8 *** (0.018 4)
东部	1.036 8 ** (0.017 4)	1.014 1 (0.013 7)	1.063 7 *** (0.017 0)	0.036 1 ** (0.016 8)	0.014 0 (0.013 5)	0.061 8 *** (0.016 0)
中部	1.043 8 ** (0.018 9)	1.009 5 (0.015 0)	1.159 7 *** (0.020 3)	0.042 8 ** (0.018 1)	0.009 5 (0.014 8)	0.148 2 *** (0.017 5)
N	4 942	4 942	4 942	4 942	4 942	4 942
Pseudo R^2	0.176 6	0.212 2	0.092 7	0.176 6	0.212 2	0.092 7

注：*、**、***分别表示在10%、5%、1%的统计水平上显著，括号中数字为稳健性标准误。

下面主要根据表 4.12 中第（4）、（5）和（6）列的平均边际效应估计结果，对家庭金融市场参与率模型的回归结果进行分析：

1. 收入对家庭金融市场参与率的影响

家庭收入（$income$）在 1% 的显著性水平上对家庭参与风险性金融市场、股票市场和储蓄存款市场有正向影响，平均边际效应分别为 0.000 4、0.000 1 和 0.001，这表明家庭收入每增加一千元可以使家庭参与风险性金融市场的概率提高 0.04%，参与股票市场的概率提高 0.01%，参与储蓄存款市场的概率提高 0.1%。尽管家庭收入的平方（$income^2$）也在 1% 的显著性水平上对家庭参与风险性金融市场、股票市场和储蓄存款有影响，但这种影响趋近于 0，表明家庭收入在经济意义上对金融市场参与率没有非线性影响。

2. 财富水平对家庭金融市场参与率的影响

家庭财富（$wealth$）对家庭参与风险性金融市场、股票市场和储蓄存款市场有非常显著的正向影响。具体来看，家庭财富在 1% 的显著性水平上对家庭参与风险性金融市场、股票市场和储蓄存款市场有促进作用，边际效应均为 0.000 1，表明家庭财富每增加一千元将使家庭参与风险性金融市场、股票市场和进行储蓄存款的概率提高 0.01%。尽管家庭财富的平方（$wealth^2$）也在 1% 的显著性水平上对城镇居民家庭参与风险性金融市场、股票市场和储蓄存款有影响，但这种影响非常小，没有显著的经济意义。

3. 房产占比对家庭金融市场参与率的影响

房产占比（$house$）在 1% 的显著性水平上对家庭参与风险性

金融市场、股票市场和储蓄存款市场有负向影响，房产占比挤出了家庭对金融市场的参与，房产部分替代了家庭对金融资产的投资。三大市场的边际效应分别为-0.001 6、-0.000 8 和-0.001 2，表明家庭房产占比每提高 1 个百分点，将使城镇居民家庭参与风险性金融市场的概率下降 0.16%，参与股票市场的概率下降 0.08%，参与储蓄存款市场的概率下降 0.12%。

4. 工商业生产经营对家庭金融市场参与率的影响

从事工商业经营（business）对家庭参与风险性金融市场没有显著影响，对家庭参与股票市场和储蓄存款市场有负向影响。具体来看：在股票市场的参与上，从事工商业经营的家庭在 1% 的显著性水平上低于没有从事工商业经营的家庭，边际效应为 -0.089，其参与股票市场的概率比没有从事工商业经营的家庭低 8.9%；在储蓄存款市场的参与上，从事工商业经营的家庭在 5% 的显著性水平上低于没有从事工商业经营的家庭，边际效应为 -0.042 7，其参与储蓄存款市场的概率比没有从事工商业经营的家庭低 4.27%。

5. 商业保险对家庭金融市场参与率的影响

商业保险（insurance）在 1% 的显著性水平上对家庭参与风险性金融市场、股票市场和储蓄存款市场有显著的正向影响，边际效应分别为 0.138、0.078 1 和 0.105 1，表明与没购买商业保险的家庭比，购买商业保险将使城镇居民家庭参与风险性金融市场的概率提高 13.8%，参与股票市场的概率提高 7.81%，参与储蓄存款市场的概率提高 10.51%。持有商业保险能够极大地促进家庭对金融市场的参与意愿。

6. 家庭规模对金融市场参与率的影响

家庭规模（ $fscale$ ）对城镇居民家庭参与风险性金融市场和股票市场没有影响，在1%的水平上对家庭参与储蓄存款市场有显著的负向影响，边际效应为 $-0.012\ 2$ ，家庭规模每增加1人，家庭进行储蓄存款的概率将下降1.22%。

7. 户主年龄对家庭金融市场参与率的影响

户主年龄（ age ）对家庭参与风险性金融市场、股票市场和储蓄存款市场的作用存在差异。具体来看：

在风险性金融市场的参与上，45周岁以下（ age_1 ）的青年户主家庭的参与概率在1%的水平上高于60周岁以上的老年户主家庭（ age_3 ），边际效应为0.068 9。这意味着，青年户主家庭参与风险性金融市场的概率比老年户主家庭高6.89%；年龄在45~60岁（ age_2 ）的中年户主家庭边际效应为0.008 7，表明其参与风险性金融市场的概率比老年户主家庭（ age_3 ）高0.87%，但这种影响在统计上不显著。

在股票市场的参与上，45周岁以下（ age_1 ）的青年户主家庭与60周岁以上的老年户主家庭（ age_3 ）没有显著差别，年龄在45~60岁（ age_2 ）的中年户主家庭也与60周岁以上的老年户主家庭（ age_3 ）没有显著差别。因此，户主年龄阶段对家庭参与股票市场没有影响。

在储蓄存款市场的参与上，45周岁以下（ age_1 ）的青年户主家庭要低于60周岁以上的老年户主家庭（ age_3 ），边际效应为 $-0.016\ 7$ ，说明青年户主家庭参与储蓄存款的概率比老年户主家庭约低1.7%，但是该结果在统计上不显著。年龄在45~60岁（ age_2 ）的中年户主家庭在1%的水平上低于60周岁以上的老年户主家庭（age_3），边际效应为-0.048 8，即中年户主家庭参与储蓄存款市场的概率比老年户主家庭低4.88%。

8. 户主受教育程度对家庭金融市场参与率的影响

户主受教育程度（education）对城镇居民家庭参与风险性金融市场、股票市场和储蓄存款市场的概率都有显著的正向影响，但是影响幅度存在差异。具体来看：

在风险性金融市场的参与上，本科及以上（$education_1$）的户主家庭在1%的水平上高于初中及以下（$education_4$）户主家庭，边际影响为0.064 4，表明其参与风险性金融市场的概率比初中及以下户主家庭高6.44%。专科或高职（$education_2$）的户主家庭在1%的水平上高于初中及以下（$education_4$）户主家庭，边际效应为0.099 8，表明其参与风险性金融市场的概率比初中及以下户主家庭高约10%。高中、职高或中专（$education_3$）的户主家庭在1%的水平上高于初中及以下（$education_4$）户主家庭，边际效应为0.058 5，表明其参与风险性金融市场的概率比初中及以下户主家庭高5.85%。

在股票市场的参与上，本科及以上（$education_1$）的户主家庭在1%的水平上高于初中及以下（$education_4$）户主家庭，边际效应为0.079 7，表明其参与股票市场的概率比初中及以下户主家庭高约8%。专科或高职（$education_2$）的户主家庭在1%的水平上高于初中及以下（$education_4$）户主家庭，边际效应为0.087 7，表明其参与股票市场的概率比初中及以下户主家庭高8.77%。高中、职高或中专（$education_3$）的户主家庭在1%的水平上高于初中及以下（$education_4$）户主家庭，边际效应为0.072 8，表明其参与股票市场的概率比初中及以下户主家庭高7.28%。

在储蓄存款市场的参与上，本科及以上（$education_1$）的户主家庭在1%的水平上高于初中及以下（$education_4$）户主家庭，边际效应为0.083 5，即其参与储蓄存款市场的概率比初中及以下户主家庭高8.35%。专科或高职（$education_2$）的户主家庭在1%的水平上高于初中及以下（$education_4$）户主家庭，边际效应为0.071 1，表明其参与储蓄存款市场的概率比初中及以下户主家庭高7.11%。高中、职高或中专（$education_3$）的户主家庭也在1%的水平上高于初中及以下（$education_4$）户主家庭，边际效应为0.057 3，表明其参与储蓄存款市场的概率比初中及以下户主家庭高5.73%。

9. 户主健康状况对家庭金融市场参与率的影响

户主健康状况（$health$）对家庭参与风险性金融市场、股票市场和储蓄存款市场的作用存在差异。具体来看：

在风险性金融市场的参与上，健康状况良好的户主家庭（$health_1$）在10%的水平上高于健康状况不好的户主家庭（$health_3$），边际效应为0.026 1，表明其参与风险性金融市场的概率比健康状况不好的户主家庭高2.61%。健康状况一般的户主家庭（$health_2$）也在10%的水平上高于健康状况不好的户主家庭（$health_3$），边际效应为0.029 6，表明其参与风险性金融市场的概率比健康状况不好的户主家庭高2.96%。

在股票市场的参与上，户主健康状况对家庭参与股市没有显著影响。

在储蓄存款市场的参与上，健康状况良好的户主家庭（$health_1$）在1%的水平上高于健康状况不好的户主家庭（$health_3$），边际效应为0.048 5，表明其参与储蓄存款的概率比健康状况不好的户主家庭高 4.85%。健康状况一般的户主家庭（$health_2$）也在 1% 的水平上高于健康状况不好的户主家庭（$health_3$），边际效应为 0.044 9，表明其参与储蓄存款的概率比健康状况不好的户主家庭高 4.49%。

10. 主观风险态度对家庭金融市场参与率的影响

户主风险态度（$riskatt$）对家庭参与风险性金融市场、股票市场和储蓄存款市场有显著的影响。具体来看：

在风险性金融市场的参与上，风险偏好的户主家庭（$riskatt_1$）在 1% 的水平上高于风险厌恶的户主家庭（$riskatt_3$），边际效应为 0.130 4，表明其参与风险性金融市场的概率比风险厌恶的户主家庭高 13.04%。风险中性的户主家庭（$riskatt_2$）也在 1% 的显著性水平上高于风险厌恶的户主家庭（$riskatt_3$），边际效应为 0.055 1，表明其参与风险性金融市场的概率比风险厌恶的户主家庭高 5.51%。

在股票市场的参与上，风险偏好的户主家庭（$riskatt_1$）在 1% 的水平上高于风险厌恶的户主家庭（$riskatt_3$），边际效应为 0.095 7，表明其参与股票市场的概率比风险厌恶的户主家庭高 9.57%。风险中性的户主家庭（$riskatt_2$）也在 1% 的显著性水平上高于风险厌恶的户主家庭（$riskatt_3$），边际效应为 0.031 9，表明其参与股票市场的概率比风险厌恶的户主家庭高 3.19%。

在储蓄存款市场的参与上，风险偏好的户主家庭（$riskatt_1$）在 10% 的水平上高于风险厌恶的户主家庭（$riskatt_3$），边际效应为 0.035 2，表明其参与储蓄存款市场的概率比风险厌恶的户主家庭高 3.52%。风险中性的户主家庭（$riskatt_2$）也在 10% 的显著性水平上高于风险厌恶的户主家庭（$riskatt_3$），边际效应为

0.027 1，表明其参与储蓄存款的概率比风险厌恶的户主家庭高 2.71%。

11. 户主性别对家庭金融市场参与率的影响

户主性别（*gender*）在 10%的水平上对城镇居民家庭参与风险性金融市场有正向影响，边际效应为 0.022 9，表明男性户主家庭参与风险性金融市场的概率比女性户主家庭高 2.29%。但是，户主性别对家庭参与股票市场和储蓄存款市场没有显著影响。

12. 户主婚姻状况对家庭金融市场参与率的影响

户主婚姻状况（*married*）在 5%的水平上对城镇居民家庭参与股市有正向影响，边际效应为 0.036 2，表明已婚户主家庭参与股市的概率比未婚户主家庭高 3.62%。但是，户主婚姻状况对家庭参与风险性金融市场和储蓄存款市场没有显著影响。

13. 户主政治面貌对家庭金融市场参与率的影响

户主政治面貌（*party*）对家庭参与风险性金融市场没有显著影响，对家庭参与股票市场和储蓄存款市场有显著的正向影响。在股票市场的参与上，户主为党员的家庭在 10%的水平上高于非党员的家庭，边际效应为 0.019 2，表明党员家庭参与股市的概率比非党员的家庭高 1.92%。在储蓄存款市场的参与上，户主为党员的家庭在 1%的水平上高于非党员的家庭，边际效应为 0.047 8，表明党员家庭参与储蓄存款的概率比非党员的家庭高 4.78%。

14. 地域差异对家庭金融市场参与率的影响

区域变量（*region*）对家庭参与风险性金融市场、股票市场和储蓄存款市场的作用不同。具体来看：在风险性金融市场的参与上，东部地区的家庭（$region_1$）在5%的显著水平上高于西部地区家庭（$region_3$），边际效应为0.0361，表明东部地区家庭参与风险性金融市场的概率比西部地区家庭高3.61%。中部地区家庭（$region_2$）在5%的显著水平上高于西部地区家庭（$region_3$），边际效应为0.0428，表明中部地区家庭参与风险性金融市场的概率比西部地区家庭高4.28%。

在股票市场的参与率上，东部地区家庭（$region_1$）高于西部地区家庭（$region_3$），中部地区家庭（$region_2$）也高于西部地区家庭（$region_3$），但在统计上不显著。

在储蓄存款市场的参与上，东部地区的家庭（$region_1$）在1%的显著水平上高于西部地区家庭（$region_3$），边际效应为0.0618，表明东部地区家庭在参与储蓄存款市场的概率上比西部地区家庭高6.18%。中部地区家庭（$region_2$）在1%的显著水平上高于西部地区家庭（$region_3$），边际效应为0.1482，表明中部地区家庭参与储蓄存款市场的概率比西部地区家庭高14.82%。

4.4.2 估计结果的稳健性检验

为了检验家庭金融市场参与率模型的估计结果是否稳健，我们用CHFS 2013年的调查数据重新对参与率模型进行了估计，估计结果见表4.13。表4.13显示，家庭参与风险性金融市场、股票市场和储蓄存款市场的估计结果与表4.12基本一致，即家庭特征变量、户主特征变量和区域变量对家庭金融市场参与广度有稳定的影响，研究结论具有稳健性。

表 4.13　城镇居民家庭金融市场参与率模型的稳健性检验

解释变量	Logit 模型			Logit 模型		
	发生比			平均边际效应		
	（1）	（2）	（3）	（4）	（5）	（6）
	风险性金融市场参与	股票市场参与	储蓄存款市场参与	风险性金融市场参与	股票市场参与	储蓄存款市场参与
收入	1.000 5 *** (0.000 1)	1.000 1 *** (0.000 0)	1.001 0 *** (0.000 1)	0.000 5 *** (0.000 1)	0.000 1 *** (0.000 0)	0.001 0 *** (0.000 1)
收入平方	1.000 0 *** (0.000 0)	1.000 0 *** (0.000 0)	1.000 0 *** (0.000 0)	−0.000 0 *** (0.000 0)	−0.000 0 *** (0.000 0)	−0.000 0 *** (0.000 0)
总资产	1.000 1 *** (0.000 0)	1.000 0 *** (0.000 0)	1.000 1 *** (0.000 0)	0.000 1 *** (0.000 0)	0.000 0 *** (0.000 0)	0.000 1 *** (0.000 0)
总资产平方	1.000 0 *** (0.000 0)	1.000 0 *** (0.000 0)	1.000 0 *** (0.000 0)	−0.000 0 *** (0.000 0)	−0.000 0 *** (0.000 0)	−0.000 0 *** (0.000 0)
房产占比	0.999 2 *** (0.000 1)	0.999 8 *** (0.000 1)	0.999 4 *** (0.000 1)	−0.000 8 *** (0.000 1)	−0.000 2 *** (0.000 1)	−0.000 6 *** (0.000 1)
从事工商业	1.003 4 (0.008 6)	0.950 4 *** (0.006 8)	0.988 9 (0.009 0)	0.003 4 (0.008 6)	−0.050 9 *** (0.007 1)	−0.011 2 (0.009 0)
商业保险	1.143 4 *** (0.007 3)	1.074 1 *** (0.004 9)	1.099 7 *** (0.009 6)	0.134 0 *** (0.006 4)	0.071 5 *** (0.004 6)	0.095 1 *** (0.008 7)
家庭规模	0.977 0 *** (0.002 5)	0.988 9 *** (0.001 9)	0.981 2 *** (0.002 2)	−0.023 3 *** (0.002 5)	−0.011 2 *** (0.001 9)	−0.018 9 *** (0.002 3)
45 周岁以下	1.073 3 *** (0.009 5)	0.972 6 *** (0.006 5)	0.989 8 (0.008 7)	0.070 7 *** (0.008 8)	−0.027 8 *** (0.006 7)	−0.010 3 (0.008 7)
45~60 岁	1.030 8 *** (0.008 5)	0.994 0 (0.006 1)	0.957 1 *** (0.007 5)	0.030 3 *** (0.008 2)	−0.006 0 (0.006 1)	−0.043 8 *** (0.007 8)
本科及以上	1.084 3 *** (0.011 2)	1.103 7 *** (0.008 2)	1.149 7 *** (0.016 4)	0.080 9 *** (0.010 3)	0.098 6 *** (0.007 5)	0.139 5 *** (0.014 3)
专科	1.110 4 *** (0.010 8)	1.114 5 *** (0.007 9)	1.130 7 *** (0.014 2)	0.104 7 *** (0.009 7)	0.108 4 *** (0.007 1)	0.122 8 *** (0.012 6)
高中	1.073 9 *** (0.007 9)	1.086 7 *** (0.006 4)	1.097 4 *** (0.008 5)	0.071 3 *** (0.007 4)	0.083 2 *** (0.005 9)	0.093 0 *** (0.007 7)
身体健康	1.012 5 * (0.007 1)	0.987 4 ** (0.005 2)	1.013 6 * (0.007 7)	0.012 4 * (0.007 0)	−0.012 7 ** (0.005 2)	0.013 5 * (0.007 6)
一般健康	1.018 2 ** (0.008 2)	1.001 0 (0.005 8)	1.010 8 (0.008 7)	0.018 0 ** (0.008 0)	0.001 0 (0.005 8)	0.010 7 (0.008 6)
风险偏好	1.134 6 *** (0.010 0)	1.102 1 *** (0.006 7)	1.018 5 * (0.011 0)	0.126 3 *** (0.008 8)	0.097 2 *** (0.006 1)	0.018 3 * (0.010 8)
风险中性	1.078 2 *** (0.007 6)	1.051 3 *** (0.005 6)	1.062 7 *** (0.008 8)	0.075 3 *** (0.007 1)	0.050 0 *** (0.005 3)	0.060 8 *** (0.008 3)

表4.13(续)

解释变量	Logit 模型			Logit 模型		
	发生比			平均边际效应		
	(1)	(2)	(3)	(4)	(5)	(6)
	风险性金融市场参与	股票市场参与	储蓄存款市场参与	风险性金融市场参与	股票市场参与	储蓄存款市场参与
户主性别	1.005 9 (0.006 8)	0.994 7 (0.004 8)	0.997 2 (0.007 0)	0.005 9 (0.006 7)	−0.005 3 (0.004 8)	−0.002 8 (0.007 0)
户主婚姻	1.026 5 *** (0.009 3)	1.041 2 *** (0.007 5)	1.047 2 *** (0.009 3)	0.026 1 *** (0.009 0)	0.040 4 *** (0.007 2)	0.046 1 *** (0.008 9)
是否党员	1.022 2 *** (0.008 0)	1.004 2 (0.005 5)	1.063 3 *** (0.010 0)	0.022 0 *** (0.007 8)	0.004 2 (0.005 5)	0.061 4 *** (0.009 4)
东部	1.021 6 *** (0.008 2)	1.035 4 *** (0.006 4)	1.043 9 *** (0.008 4)	0.021 4 *** (0.008 0)	0.034 8 *** (0.006 2)	0.042 9 *** (0.008 1)
中部	0.994 2 (0.008 8)	1.000 0 (0.007 2)	0.991 1 (0.008 4)	−0.005 8 (0.008 9)	0.000 0 (0.007 2)	−0.009 0 (0.008 4)
N	18 530	18 530	18 530	18 530	18 530	18 530
Pseudo R^2	0.175 6	0.193 9	0.116 1	0.175 6	0.193 9	0.116 1

注：*、**、***分别表示在10%、5%、1%的统计水平上显著。

5 城镇居民家庭金融资产数量
及其影响因素的实证分析

本章将对家庭各类金融资产的持有量情况进行描述性统计，对影响城镇居民家庭资产持有量的因素进行实证分析，主要包括4个部分的内容：①基于 CHFS 在 2011 年和 2013 年的调查数据，对城镇居民家庭各类金融资产的持有量、不同因素与家庭金融资产持有量的关系进行探索性描述统计分析，在初步识别不同因素对家庭金融资产持有量影响的基础上，选择影响我国城镇居民金融资产持有量的因素；②在第一部分分析的基础上，选择具体的变量并对变量赋值进行说明，进而构建影响家庭金融资产持有量的 Tobit 模型；③探讨 Tobit 模型的适用条件、估计方法和检验方法，为本章的实证研究奠定方法论基础；④采用极大似然法对模型进行估计，对参数估计结果进行计量经济学检验，对模型估计结果进行稳健性检验，最后结合相关理论对实证结果进行解释和分析。

5.1 城镇居民家庭特征及金融资产总量的统计描述

本节将基于 CHFS 在 2011 年和 2013 年的两轮调查数据对城

镇居民家庭特征、不同金融资产的持有数量进行简单描述性统计。首先，本章对家庭各类金融资产配置的数量进行简单统计分析；其次，本章对家庭和户主特征变量与家庭各类金融资产数量的关系进行分组统计，考察不同组别家庭在各类金融资产持有量上的分布情况，通过发现不同组别的差异为下文模型构建的变量选取提供初步依据。

5.1.1 城镇居民家庭金融资产数量的描述性统计

表 5.1 统计了我国城乡居民家庭在 2010 年和 2012 年持有各类金融资产数量的均值和中位数情况。具体来看，城镇居民家庭金融市场参与率在两次调查中的差异不大，下文主要以 2013 年的调查数据对表 5.1 进行说明。在 2013 年调查的 18 532 个城镇居民家庭样本中，城镇居民家庭持有金融资产的均值为 78 263 元，中位数只有 10 800 元。其中，无风险性金融资产持有量的均值 52 586 元，中位数为 9 500 元；风险性金融资产持有量的均值为 25 677 元，中位数为 0。在无风险性金融资产中，活期存款的均值为 19 157 元，中位数为 2 000 元；定期存款的均值为 23 194 元，中位数为 0；无风险性债券的均值为 1 056 元，中位数为 0。在无风险性金融资产中，股票的均值为 9 071 元，中位数为 0；基金的均值为 2 875 元，中位数为 0；风险性债券的均值为 239 元，中位数为 0；金融衍生品的均值为 186 元，中位数为 0；金融理财产品的均值为 5 354 元，中位数为 0；非人民币资产的均值为 1 005 元，中位数为 0；黄金的均值为 843 元，中位数为 0；借出款的均值为 6 104 元，中位数为 0。

　　总体来看：城镇居民家庭各类金融资产持有量的均值和中位数存在巨大差异，这在各类风险性金融资产的持有量上体现得更加明显①。这一现象表明：我国城镇居民在金融资产持有上存在极大的"不平等"，部分家庭属于"被平均的状况"；在家庭金融资产配置上，无风险性金融资产的配置数量最多，银行储蓄存款又是家庭持有无风险性金融资产的主要渠道；家庭风险性金融资产的持有量很低，股票是家庭风险性金融资产的最主要持有形式。

表 5.1　城镇居民家庭金融资产数量的描述性统计

资产类别	2011 年调查		2013 年调查	
	均值/元	中位数/元	均值/元	中位数/元
现金	6 440	1 500	5 413	1 500
活期存款	21 321	2 000	19 157	2 000
定期存款	18 748	0	23 194	0
无风险性债券	601	0	1 056	0
无风险性资产	52 477	9 000	52 586	9 500
股票	11 464	0	9 071	0
基金	3 126	0	2 875	0
风险性债券	296	0	239	0
金融衍生品	12	0	186	0
金融理财产品	1 844	0	5 354	0

① 中国家庭金融调查与研究中心主任甘犁教授认为，平均数和中位数都有意义，平均数反映了社会财富，中位数反映了家庭财富的分布，通过两者的比较能反映家庭财产差距的状况。

表5.1(续)

资产类别	2011 年调查		2013 年调查	
	均值/元	中位数/元	均值/元	中位数/元
非人民币资产	586	0	1 005	0
黄金	367	0	843	0
借出款	5 893	0	6 104	0
风险性资产	23 589	0	25 677	0
家庭金融资产	76 066	11 000	78 263	10 800
样本量/个	4 942		18 532	

注：①无风险性金融资产中的债券是指国库券和地方政府债券价值的总和；风险性金融资产中的债券是指金融债券和企业债券的价值总和；②无风险性金融资产中的现金是指手持现金和股票账户内的现金总和。本章以下表格与此相同，不再赘述。

表5.2考虑到我国东、中、西部的区域差异，分别统计东部、中部和西部地区的城乡居民在不同金融资产持有量上的均值。表5.2中2013年的统计结果显示，东、中、西部家庭在金融资产的持有量上存在显著差异，这种差异主要反映在对风险性金融市场的参与上。总体上看：东部地区家庭持有风险性金融资产的数量较高，平均为35 655元；中部和西部地区对风险性金融资产的持有量较低，而且没有太大差别，分别15 276元和14 178元。在风险性金融资产的具体类别上，东、中、西部地区也基本呈现相同的趋势，尤其在股票的配置数量上，东部地区家庭要远远大于中、西部地区，东部地区家庭平均持有股票13 120元，中、西部地区家庭平均持有量分别只有4 733元和4 562元。导致这种现象的原因与家庭股票市场参与率在东部、西部地区差异的原因类似：一是东部地区的资本市场起步早，发展较成熟；二是

112

东部地区为改革开放的前沿，家庭对新型投资理财观念的接受度更高，进行风险投资的积极性更高；三是东部地区经济比中、西部地区发达，家庭也拥有更高的收入和更强的风险应对能力，这也为家庭持有风险性金融资产提供了现实可能性。

表 5.2　东、中、西部地区家庭金融资产持有情况

金融资产类别	2011 年调查			2013 年调查		
	东部地区/元	中部地区/元	西部地区/元	东部地区/元	中部地区/元	西部地区/元
现金	7 909	5 722	2 774	6 107	4 681	4 625
活期存款	25 482	16 183	15 335	23 537	13 511	15 539
定期存款	25 439	10 956	8 455	32 806	12 788	12 630
无风险性债券	958	119	148	1 672	455	290
无风险性资产	67 368	35 078	29 657	69 306	33 366	35 684
股票	16 949	5 083	3 019	13 120	4 733	4 562
基金	4 296	1 944	1 074	4 203	1 401	1 464
风险性债券	410	0	351	264	262	145
金融衍生品	21	0	0	206	279	14
金融理财产品	2 965	373	357	8 135	2 453	2 154
非人民币资产	958	103	85	1 270	345	1 207
黄金	544	225	5	1 352	203	399
借出款	7 654	4 633	2 064	7 107	5 600	4 233
风险性资产	33 797	12 360	6 955	35 655	15 276	14 178
金融资产总计	101 165	47 438	36 612	104 961	48 642	49 862
样本量/个	2 811	1 249	882	9 664	5 048	3 820
样本总量/个	4 942			18 532		

5.1.2 城镇居民家庭金融资产数量影响因素的探索分析

本部分将根据家庭特征变量和户主特征变量对家庭金融资产持有量进行分组统计,在初步考察家庭特征与户主特征变量对家庭金融资产配置数量关系的影响的基础上,寻找影响家庭金融资产配置的因素,为本章实证模型的构建奠定基础。

1. 城镇居民家庭金融资产数量的财富分布

表5.3和表5.4分别统计了城镇居民家庭在2011年和2013年调查时家庭金融资产持有量在不同财富水平上的均值和中位数。表5.4中2013年的调查数据显示,随着家庭财富水平的提高,家庭金融资产的持有量会显著提高,贫困家庭、中等收入家庭、富裕家庭和最富裕家庭持有金融资产平均值分别为11 131元、26 923元、54 938元和220 058元,中位数分别为2 050元、5 700元、19 000元和80 000元。

类似地,家庭持有的无风险性金融资产在不同财富阶层中也存在很大差异,并呈现不断增加的趋势,现金、活期存款、定期存款和无风险性债券也随之增加。但是无论家庭富裕程度如何,银行存款都是家庭无风险性金融资产的主要持有方式。

家庭对风险性金融资产的持有量也随富裕程度的提高而不断增加,股票、基金、风险性债券、金融衍生品、金融理财产品、非人民币资产、黄金和借出款也都随之增加。对不同富裕程度的家庭而言,股票、基金和借出款是家庭风险性金融资产的主要持有形式。其中,最富裕家庭与贫困家庭在各类金融资产的持有上存在巨大差距,家庭在各类金融资产数量的持有上存在显著的财富效应。

表 5.3　CHFS 2011 城镇居民家庭金融资产数量的财富分布

金融资产类别	贫困家庭		中等收入家庭		富裕家庭		最富裕家庭	
	均值/元	中位数/元	均值/元	中位数/元	均值/元	中位数/元	均值/元	中位数/元
现金	1 698	800	2 422	1 000	4 322	2 000	17 323	3 000
活期存款	3 929	0	8 125	1 700	16 728	3 000	56 519	10 000
定期存款	2 865	0	7 934	0	15 134	0	49 074	0
无风险性债券	16	0	57	0	201	0	2 131	0
无风险性资产	8 609	2 000	19 102	5 200	39 452	14 000	142 791	45 300
股票	266	0	978	0	5 757	0	38 870	0
基金	100	0	412	0	2 069	0	9 927	0
风险性债券	0	0	0	0	8	0	1 177	0
金融衍生品	0	0	0	0	0	0	48	0
金融理财产品	44	0	180	0	774	0	6 380	0
非人民币资产	90	0	41	0	367	0	1 847	0
黄金	17	0	18	0	128	0	1 306	0
借出款	490	0	1 686	0	4 548	0	16 853	0
风险性资产	1 007	0	3 315	0	13 651	0	76 408	0
家庭金融资产	9 617	2 300	22 417	6 000	53 103	21 000	219 199	75 000
样本量/个	1 236		1 235		1 236		1 235	
样本总量/个	4 942							

表 5.4　CHFS 2013 城镇居民家庭金融资产数量的财富分布

金融资产类别	贫困家庭		中等收入家庭		富裕家庭		最富裕家庭	
	均值/元	中位数/元	均值/元	中位数/元	均值/元	中位数/元	均值/元	中位数/元
现金	1 861	900	3 044	1 000	4 896	2 000	11 851	3 000
活期存款	4 149	0	8 991	500	15 381	3 000	48 108	10 000
定期存款	3 608	0	9 410	0	19 811	0	59 948	0
无风险性债券	23	0	138	0	530	0	3 532	0
无风险性资产	9 793	2 000	22 188	5 000	42 660	12 550	135 701	50 000

115

表5.4（续）

金融资产类别	贫困家庭		中等收入家庭		富裕家庭		最富裕家庭	
	均值/元	中位数/元	均值/元	中位数/元	均值/元	中位数/元	均值/元	中位数/元
股票	467	0	1 494	0	4 213	0	30 111	0
基金	148	0	678	0	2 012	0	8 661	0
风险性债券	13	0	39	0	113	0	790	0
金融衍生品	15	0	17	0	122	0	590	0
金融理财产品	152	0	665	0	1 979	0	18 620	0
非人民币资产	7	0	70	0	190	0	3 753	0
黄金	34	0	75	0	235	0	3 026	0
借出款	502	0	1 696	0	3 412	0	18 806	0
风险性资产	1 338	0	4 735	0	12 278	0	84 357	0
家庭金融资产	11 131	2 050	26 923	5 700	54 938	19 000	220 058	80 000
样本量/个	4 633		4 633		4 633		4 633	
样本总量/个	18 532							

2. 城镇居民家庭金融资产数量的房产占比分布

表5.5和表5.6分别统计了城镇居民家庭在2011年和2013年调查时家庭金融资产持有量在不同房产占比水平上的均值和中位数。表5.6中2013年的调查数据显示，没有住房的家庭与拥有房产的家庭在金融资产的持有量上存在显著差异，其在金融资产总量、无风险性金融资产和风险性金融资产的持有量上均介于中等占比和高占比家庭之间，但小于低占比家庭。对于房产占比大于0的家庭而言，随着家庭房产占比的提高，家庭金融资产的持有量会显著下降，没有房产、低占比、中等占比和高占比的样本家庭，持有金融资产的平均值分别为67 955元、169 194元、75 485和12 263元，中位数分别为10 000元、32 000元、20 000元和2 200元。

表5.6显示，随着城镇居民家庭房产占比的提升，家庭持有

116

的无风险性金融资产数量显著下降，现金、活期存款、定期存款
和无风险性债券都随之降低。同样，家庭对风险性金融资产的持
有量也随房产份额的增加不断减少，股票、基金、风险性债券、
金融衍生品、金融理财产品、非人民币资产、黄金和借出款都随
之降低。房产份额较高的家庭与房产份额较低的家庭在各类金融
资产的配置数量上存在巨大的差距，房产对各类家庭的金融资产
配置具有明显的"挤出效应"。

表 5.5　CHFS 2011 城镇居民家庭金融资产数量的房产占比分布

金融资产类别	占比为 0		低占比		中等占比		高占比	
	均值/元	中位数/元	均值/元	中位数/元	均值/元	中位数/元	均值/元	中位数/元
现金	2 774	1 000	17 561	2 000	4 320	2 000	1 747	1 000
活期存款	17 140	500	53 103	10 000	15 906	3 550	2 851	0
定期存款	16 342	0	42 922	0	15 659	0	2 174	0
无风险性债券	109	0	917	0	705	0	373	0
无风险性资产	40 409	3 765	129 267	40 000	40 238	12 000	7 341	2 000
股票	7 523	0	29 748	0	8 964	0	528	0
基金	1 256	0	6 997	0	3 153	0	318	0
风险性债券	778	0	850	0	23	0	0	0
金融衍生品	0	0	0	0	27	0	0	0
金融理财产品	1 423	0	3 108	0	2 260	0	0	0
非人民币资产	535	0	1 697	0	309	0	59	0
黄金	95	0	980	0	316	0	19	0
借出款	2 533	0	19 060	0	3 134	0	248	0
风险性资产	14 143	0	62 440	0	18 186	0	1 172	0
家庭金融资产	54 552	4 300	191 707	57 000	58 424	18 000	8 513	2 000
样本量/个	643		1 075		2 150		1 074	
样本总量/个	4 942							

表 5.6　CHFS 2013 城镇居民家庭金融资产数量的房产占比分布

金融资产类别	占比为 0		低占比		中等占比		高占比	
	均值/元	中位数/元	均值/元	中位数/元	均值/元	中位数/元	均值/元	中位数/元
现金	4 900	1 500	10 529	2 000	4 951	2 000	2 185	1 000
活期存款	15 534	1 000	42 539	5 000	18 742	3 000	3 426	0
定期存款	23 147	0	37 829	0	25 366	0	4 287	0
无风险性债券	808	0	2 490	0	1 025	0	151	0
无风险性资产	47 240	8 000	102 578	23 000	53 718	12 725	10 369	2 000
股票	8 043	0	20 736	0	8 322	0	837	0
基金	2 645	0	6 076	0	2 699	0	456	0
风险性债券	81	0	1 054	0	100	0	0	0
金融衍生品	131	0	649	0	86	0	29	0
金融理财产品	4 278	0	11 691	0	5 708	0	335	0
非人民币资产	582	0	2 730	0	1 022	0	42	0
黄金	254	0	3 688	0	368	0	56	0
借出款	4 701	0	19 993	0	3 462	0	140	0
风险性资产	20 715	0	66 617	0	21 767	0	1 894	0
家庭金融资产	67 955	10 000	169 194	32 000	75 485	20 000	12 263	2 200
样本量/个	5 939		3 149		6 298		3 146	
样本总量/个	18 532							

3. 城镇居民家庭金融资产数量的保险状况分布

表 5.7 分别统计了城镇居民家庭在 2011 年和 2013 年调查时家庭金融资产持有量在是否购买商业保险情况下的均值和中位数。表 5.7 中 2013 年的调查数据显示：购买商业保险的家庭金融资产的持有量显著高于没有购买商业保险的家庭；在无风险性金融资产持有上，有无商业保险的均值分别为 89 535 元和 41 980元，中位数分别为 25 000 元和 6 000 元；同样，有无商业保险的

家庭在风险性金融资产和股票的持有量上也有巨大差别，持有风
险性金融资产的均值分别为 59 958 元和 15 837 元，持有股票数量
的均值分别为 21 065 元和 5 629 元。这表明未来不确定性对家庭
持有股票等风险性金融资产的数量具有重要影响，但是商业保险
等手段能够降低家庭面临的不确定性，进而提高家庭对风险性金
融资产的投资比例。

表 5.7　CHFS 2011 和 CHFS 2013 家庭金融资产数量的保险状况分布

金融资产类别	2011 年调查				2013 年调查			
	没有商业保险		有商业保险		没有商业保险		有商业保险	
	均值/元	中位数/元	均值/元	中位数/元	均值/元	中位数/元	均值/元	中位数/元
现金	5 501	1 000	10 717	2 000	4 331	1 500	9 182	2 000
活期存款	17 016	1 500	40 921	7 000	15 376	700	32 331	6 000
定期存款	16 699	0	28 075	0	19 250	0	36 935	0
无风险性债券	262	0	2 144	0	760	0	2 085	0
无风险性资产	43 385	6 000	93 872	25 000	41 980	6 000	89 535	25 000
股票	7 601	0	29 051	0	5 629	0	21 065	0
基金	1 943	0	8 511	0	1 772	0	6 718	0
风险性债券	40	0	1 461	0	168	0	486	0
金融衍生品	15	0	0	0	53	0	649	0
金融理财产品	1 126	0	5 114	0	3 260	0	12 650	0
非人民币资产	278	0	1 989	0	390	0	3 146	0
黄金	198	0	1 134	0	613	0	1 644	0
借出款	4 589	0	11 831	0	3 953	0	13 599	0
风险性资产	15 791	0	59 091	0	15 837	0	59 958	0
家庭金融资产	59 176	8 000	152 963	46 000	57 817	7 000	149 493	40 000
样本量/个	4 052		890		14 399		4 133	
样本总量/个	4 942				18 532			

119

4. 城镇居民家庭金融资产数量的年龄分布

表5.8和表5.9分别统计了城镇居民家庭在2011年和2013年调查时家庭金融资产持有量在户主不同年龄上的均值和中位数。表5.9中2013年的调查数据显示，随着户主年龄增长，家庭持有的金融资产总量、无风险性金融资产、风险性金融资产和股票数量不断减少，但是定期存款的数量随户主年龄的增长不断增加。具体来看：45周岁以下、45~60岁、60周岁以上的家庭样本中，持有金融资产总量的均值分别为86 151元、78 045元和68 156元；持有无风险性金融资产的均值分别为55 475元、51 996元和49 485元；持有风险性金融资产的均值分别为30 676元、26 049元和18 671元；持有股票数量的均值分别为10 953元、8 756元和6 972元；持有定期存款的均值分别为18 921元、22 803元和29 270元。

表5.9还表明，无论户主年龄处于什么阶段，家庭都主要以银行存款等无风险性资产作为家庭金融资产的持有形式，股票、基金、风险性债券、金融衍生品、金融理财产品、非人民币资产、黄金和借出款等风险性金融资产的持有量不高。

表5.8　CHFS 2011 城镇居民家庭金融资产数量的年龄分布

金融资产类别	<45 周岁		45~60 岁		>60 周岁	
	均值/元	中位数/元	均值/元	中位数/元	均值/元	中位数/元
现金	8 347	2 000	5 453	1 400	4 234	1 000
活期存款	30 498	3 100	14 587	1 200	13 573	1 000
定期存款	14 113	0	18 921	0	27 320	0
无风险性债券	149	0	283	0	1 921	0

表5.8(续)

金融资产类别	<45 周岁		45~60 岁		>60 周岁	
	均值/元	中位数/元	均值/元	中位数/元	均值/元	中位数/元
无风险性资产	59 592	10 500	44 258	6 000	50 798	7 800
股票	14 215	0	11 265	0	6 516	0
基金	2 938	0	3 422	0	3 058	0
风险性债券	397	0	368	0	0	0
金融衍生品	27	0	0	0	0	0
金融理财产品	1 591	0	1 224	0	3 221	0
非人民币资产	615	0	412	0	782	0
黄金	537	0	351	0	68	0
借出款	6 827	0	4 346	0	6 347	0
风险性资产	27 148	0	21 387	0	19 992	0
家庭金融资产	86 739	15 000	65 646	8 000	70 790	10 000
样本量/个	2 164		1 641		1 137	
样本总量/个	4 942					

表 5.9　CHFS 2013 城镇居民家庭金融资产数量的年龄分布

金融资产类别	<45 周岁		45~60 岁		>60 周岁	
	均值/元	中位数/元	均值/元	中位数/元	均值/元	中位数/元
现金	6 179	2 000	6 371	1 700	3 278	1 200
活期存款	25 465	4 000	17 968	1 000	12 274	50
定期存款	18 921	0	22 803	0	29 270	0
无风险性债券	378	0	1 335	0	1 616	0

表5.9(续)

金融资产类别	<45 周岁		45~60 岁		>60 周岁	
	均值/元	中位数/元	均值/元	中位数/元	均值/元	中位数/元
无风险性资产	55 475	11 500	51 996	7 000	49 485	6 050
股票	10 953	0	8 756	0	6 972	0
基金	2 787	0	2 958	0	2 892	0
风险性债券	107	0	494	0	112	0
金融衍生品	322	0	187	0	8	0
金融理财产品	4 360	0	5 624	0	6 342	0
非人民币资产	1 361	0	961	0	590	0
黄金	1 183	0	1 085	0	109	0
借出款	9 604	0	5 985	0	1 646	0
风险性资产	30 676	0	26 049	0	18 671	0
家庭金融资产	86 151	15 900	78 045	9 718.7	68 156	7 500
样本量/个	6 969		6 258		5 305	
样本总量/个	18 532					

5. 城镇居民家庭金融资产数量的受教育程度分布

表5.10和表5.11分别统计了城镇居民家庭在2011年和2013年调查时，家庭金融资产持有量在户主不同受教育程度上的均值和中位数。表5.11中2013年的调查数据显示，随着户主受教育程度的提高，家庭持有的金融资产总量、无风险性金融资产、风险性金融资产、股票的数量均不断提高。具体来看：受教育程度为初中（及以下）、高中、大专、本科（及以上）的样本家庭中，持有金融资产总量的均值分别为42 268元、85 509元、111 925

元和 178 591 元；持有无风险性金融资产的均值分别为 32 616 元、58 020 元、72 520 元和 104 472 元；持有风险性金融资产的均值分别为 9 651 元、27 489 元、39 405 元和 74 119 元；持有股票数量的均值分别为 2 616 元、8 698 元、14 591 元和 30 680 元；持有定期存款的均值分别为 14 680 元、24 438 元、32 751 元和 46 427元。

不管户主受教育程度处于什么阶段，家庭均主要以银行存款等无风险性资产作为家庭金融资产的持有形式。对不同文化程度的户主家庭而言，股票和借出款是家庭风险性金融资产的主要持有形式，家庭对基金、风险性债券、金融衍生品、金融理财产品、非人民币资产和黄金等风险性金融资产的持有量很少。随着户主受教育程度的提高，家庭对股票的持有量呈现显著提高的趋势，户主受教育水平的提高对家庭各类金融资产持有量的提高具有积极作用。

表 5.10　CHFS 2011 城镇居民家庭金融资产数量的教育状况分布

金融资产类别	初中（及以下）		高中		大专		本科（及以上）	
	均值/元	中位数/元	均值/元	中位数/元	均值/元	中位数/元	均值/元	中位数/元
现金	3 828	1 000	10 726	1 750	6 490	2 000	7 839	2 000
活期存款	14 477	400	20 322	2 500	29 341	5 000	41 949	9 000
定期存款	10 613	0	15 168	0	24 884	0	50 931	0
无风险性债券	18	0	165	0	1 452	0	2 899	0
无风险性资产	31 027	4 500	50 335	10 500	73 699	19 625	118 642	30 000
股票	4 189	0	6 699	0	26 104	0	35 259	0
基金	837	0	2 125	0	6 221	0	10 967	0
风险性债券	204	0	79	0	892	0	543	0
金融衍生品	0	0	0	0	0	0	90	0

表5.10(续)

金融资产类别	初中（及以下）		高中		大专		本科（及以上）	
	均值/元	中位数/元	均值/元	中位数/元	均值/元	中位数/元	均值/元	中位数/元
金融理财产品	393	0	2 508	0	1 405	0	6 387	0
非人民币资产	141	0	614	0	805	0	2 012	0
黄金	404	0	219	0	358	0	526	0
借出款	5 356	0	5 090	0	8 279	0	7 384	0
风险性资产	11 524	0	17 334	0	44 063	0	63 169	0
家庭金融资产	42 551	5 010	67 669	13 000	117 762	28 050	181 812	50 500
样本量/个	2 447		1 272		572		651	
样本总量/个	4 942							

表 5.11　CHFS 2013 城镇居民家庭金融资产数量的教育状况分布

金融资产类别	初中（及以下）		高中		大专		本科（及以上）	
	均值/元	中位数/元	均值/元	中位数/元	均值/元	中位数/元	均值/元	中位数/元
现金	4 039	1 000	6 512	2 000	6 495	2 000	7 867	2 000
活期存款	12 333	0	21 397	2 750	25 558	5 000	36 524	10 000
定期存款	14 680	0	24 438	0	32 751	0	46 427	0
无风险性债券	320	0	1 294	0	1 374	0	3 257	0
无风险性资产	32 616	4 000	58 020	12 000	72 520	20 000	104 472	32 500
股票	2 616	0	8 698	0	14 591	0	30 680	0
基金	784	0	2 945	0	4 914	0	9 293	0
风险性债券	12	0	456	0	258	0	715	0
金融衍生品	9	0	131	0	127	0	1 050	0
金融理财产品	1 796	0	6 189	0	8 981	0	14 786	0
非人民币资产	136	0	652	0	1 022	0	5 120	0
黄金	447	0	1 070	0	464	0	2 318	0
借出款	3 851	0	7 348	0	9 048	0	10 158	0
风险性资产	9 651	0	27 489	0	39 405	0	74 119	0

表5.11(续)

金融资产类别	初中（及以下）		高中		大专		本科（及以上）	
	均值/元	中位数/元	均值/元	中位数/元	均值/元	中位数/元	均值/元	中位数/元
家庭金融资产	42 268	4 800	85 509	15 500	111 925	30 000	178 591	51 500
样本量/个	9 529		4 525		2 086		2 392	
样本总量/个	18 532							

6. 城镇居民家庭金融资产数量的户主健康状况分布

表5.12和表5.13分别统计了城镇居民家庭在2011年和2013年调查时，家庭金融资产持有量在户主不同健康状况下的均值和中位数。表5.13中2013年的调查数据显示，随着户主健康状况的改善，家庭持有的金融资产总量、无风险性金融资产、风险性金融资产、股票数量均不断增加。具体来看：在身体健康、一般和不健康3个组的样本家庭中，持有金融资产总量的均值分别为98 501元、87 890元和64 262元；持有无风险性金融资产的均值分别为66 489元、56 642元和43 828元；持有风险性金融资产的均值分别为32 012元、31 248元和20 434元。

表5.13还显示，无论户主的健康状况如何，银行存款都是家庭无风险性金融资产的主要持有方式。对健康状况不同的家庭而言，股票、基金和借出款是家庭风险性金融资产的主要持有形式，家庭对风险性债券、金融衍生品、金融理财产品、非人民币资产和黄金等风险性金融资产的持有量都很低。

表 5.12　CHFS 2011 城镇居民家庭金融资产数量的健康状况分布

金融资产类别	不健康		一般		健康	
	均值/元	中位数/元	均值/元	中位数/元	均值/元	中位数/元
现金	3 632	1 000	8 026	1 500	7 236	2 000
活期存款	19 696	500	18 243	2 000	25 213	3 750
定期存款	12 666	0	22 077	0	20 565	0
无风险性债券	773	0	659	0	419	0
无风险性资产	40 839	4 000	53 054	10 000	60 928	12 000
股票	7 317	0	8 042	0	17 590	0
基金	1 413	0	3 726	0	3 928	0
风险性债券	353	0	312	0	239	0
金融衍生品	0	0	0	0	31	0
金融理财产品	1 560	0	1 871	0	2 040	0
非人民币资产	504	0	749	0	508	0
黄金	239	0	149	0	653	0
借出款	2 592	0	3 631	0	10 373	0
风险性资产	13 979	0	18 481	0	35 362	0
家庭金融资产	54 818	4 700	71 535	12 000	96 290	20 000
样本量/个	1 446		1 615		1 881	
样本总量/个	4 942					

表 5.13 **CHFS 2013 城镇居民家庭金融资产数量的健康状况分布**

金融资产类别	不健康		一般		健康	
	均值/元	中位数/元	均值/元	中位数/元	均值/元	中位数/元
现金	4 241	1 250	5 632	2 000	7 479	2 000
活期存款	14 200	500	19 876	3 000	28 026	4 000
定期存款	21 254	0	25 458	0	25 410	0
无风险性债券	959	0	931	0	1 317	0
无风险性资产	43 828	5 800	56 642	11 000	66 489	13 000
股票	7 085	0	12 307	0	10 758	0
基金	2 207	0	3 065	0	4 010	0
风险性债券	181	0	70	0	455	0
金融衍生品	76	0	392	0	264	0
金融理财产品	5 392	0	5 830	0	4 981	0
非人民币资产	925	0	1 444	0	877	0
黄金	412	0	1 271	0	1 382	0
借出款	4 156	0	6 867	0	9 285	0
风险性资产	20 434	0	31 248	0	32 012	0
家庭金融资产	64 262	7 000	87 890	14 435	98 501	20 099
样本量/个	5 273		3 340		9 919	
样本总量/个	18 532					

7. 城镇居民家庭金融资产数量的户主风险态度分布

表 5.14 和表 5.15 分别统计了城镇居民家庭在 2011 年和 2013 年调查时，家庭金融资产持有量在户主不同风险态度下的均值和中位数。表 5.15 中 2013 年的调查数据显示，随着户主风险态度由保守向激进转变，家庭持有的金融资产总量、无风险性金融资产、风险性金融资产、股票数量均不断提高。具体来看：在风险偏好、风险中性和风险厌恶 3 个组的样本家庭中，持有金融资产

总量的均值分别为 163 629 元、99 992 元和 55 812 元；持有无风险性金融资产的均值分别为 82 146 元、66 896 元和 42 484 元；持有风险性金融资产的均值分别为 81 483 元、33 096 元和 13 328 元；持有股票数量的均值分别为 34 024 元、11 532 元和 3 843 元。

相比于风险厌恶的户主家庭，风险偏好的户主家庭平均持有无风险性金融资产的数量更高，但对现金和活期存款的持有量呈下降趋势，对定期存款的持有呈先上升后下降的趋势。风险偏好往往与家庭收入和财富水平相关，这可能是导致这一现象的原因。

随着户主风险态度的转变（由厌恶变为偏好），家庭对包括股票、基金、风险性债券、金融衍生品、金融理财产品、非人民币资产在内的各种风险性金融资产的持有量均有明显的提高。家庭风险态度的转变会极大地鼓励城镇居民家庭增持股票，提高居民家庭的股票市场参与深度。

表 5.14　CHFS 2011 城镇居民家庭金融资产数量的风险态度分布

金融资产类别	风险偏好		风险中性		风险厌恶	
	均值/元	中位数/元	均值/元	中位数/元	均值/元	中位数/元
现金	7 626	2 000	10 959	2 000	3 997	1 000
活期存款	35 724	5 000	29 212	3 500	13 953	1 000
定期存款	23 420	0	19 767	0	17 089	0
无风险性债券	353	0	667	0	633	0
无风险性资产	79 956	15 700	68 191	11 000	38 107	6 000
股票	27 546	0	15 947	0	5 292	0
基金	6 426	0	3 612	0	2 065	0

表5.14(续)

金融资产类别	风险偏好		风险中性		风险厌恶	
	均值/元	中位数/元	均值/元	中位数/元	均值/元	中位数/元
风险性债券	486	0	371	0	213	0
金融衍生品	82	0	0	0	0	0
金融理财产品	2 765	0	2 620	0	1 244	0
非人民币资产	1 888	0	647	0	229	0
黄金	331	0	562	0	284	0
借出款	8 056	0	6 652	0	4 989	0
风险性资产	47 581	0	30 411	0	14 317	0
家庭金融资产	127 537	23 264	98 602	16 000	52 424	7 000
样本量/个	720		1 359		2 863	
样本总量/个	4 942					

表 5.15　CHFS 2013 城镇居民家庭金融资产数量的风险态度分布

金融资产类别	风险偏好		风险中性		风险厌恶	
	均值/元	中位数/元	均值/元	中位数/元	均值/元	中位数/元
现金	9 489	2 000	6 651	2 000	4 273	1 500
活期存款	34 524	5 000	28 064	5 000	13 403	350
定期存款	22 061	0	26 746	0	22 175	0
无风险性债券	2 506	0	761	0	902	0
无风险性资产	82 146	16 000	66 896	15 500	42 484	6 000
股票	34 024	0	11 532	0	3 843	0
基金	6 940	0	3 606	0	1 910	0

表5.15(续)

金融资产类别	风险偏好		风险中性		风险厌恶	
	均值/元	中位数/元	均值/元	中位数/元	均值/元	中位数/元
风险性债券	932	0	446	0	46	0
金融衍生品	1 358	0	90	0	14	0
金融理财产品	10 336	0	9 400	0	3 091	0
非人民币资产	4 923	0	821	0	379	0
黄金	3 228	0	716	0	467	0
借出款	19 742	0	6 484	0	3 577	0
风险性资产	81 483	0	33 096	0	13 328	0
家庭金融资产	163 629	27 550	99 992	22 000	55 812	7 000
样本量/个	2 144		4 185		12 203	
样本总量/个	18 532					

5.2 城镇居民家庭金融资产数量模型的构建

5.2.1 变量选取与赋值

本书第3章对城镇居民家庭风险性金融市场参与率的影响因素进行了理论分析,本部分将在此基础上,结合5.1节对金融资产持有量在不同变量下的分布状况,选择影响家庭金融资产配置数量的因素,分别构建3个家庭金融资产配置模型:①家庭风险性金融资产配置模型;②家庭股票配置模型;③家庭储蓄配置模型。本章利用CHFS微观家庭数据,实证检验家庭金融资产持有量受到哪些因素的影响，并对估计结果进行稳健性检验。3 个实证模型对应的被解释变量分别为：①家庭金融资产总量（$fassets^{all}$）；②家庭股票持有量（$fassets^{stock}$）；③家庭储蓄存款持有量（$fassets^{saving}$）。3 个被解释变量的赋值见表 5.16。

这 3 个模型有相同的解释变量，这些解释变量与第 4 章家庭金融市场参与率模型的解释变量一致，具体赋值情况参见第 4 章表 4.10。

表 5.16　城镇居民家庭金融资产数量模型的变量设定与变量赋值

变量类型	变量名称	变量含义	变量赋值说明
被解释变量	$fassets^{all}$	家庭金融资产总量	家庭金融资产总量＝无风险性金融资产＋风险性金融资产
	$fassets^{stock}$	股票持有量	家庭持有股票的总市值
	$fassets^{saving}$	储蓄持有量	家庭的储蓄存款总额＝活期存款＋定期存款
解释变量	同第 4 章表 4.10		

5.2.2　变量的描述性统计

表 5.17 给出了被解释变量在 2011 年和 2013 年调查的描述性统计结果，解释变量的描述性统计结果与第 4 章表 4.11 一致，限于篇幅，没有在此列出。

表 5.17 表明，家庭金融资产总量在两轮调查中分别约为 7.6 万元和 7.8 万元，有微量增加；股票持有量则从 1.146 万元减少为 0.907 万元；储蓄存款量从约 4 万元增加到约 4.24 万元。由于 2013 年的调查大幅增加了样本量，所以被解释变量的方差小于

2011 年的调查数据，被解释变量在 2013 年的波动更小。

表 5.17　变量的描述性统计

变量名	2011 年调查数据		2013 年调查数据	
	平均值	标准差	平均值	标准差
金融资产总量/千元	76.07	263.70	78.26	239.34
股票持有数量/千元	11.46	83.49	9.07	70.66
储蓄存款数量/千元	40.07	147.32	42.35	123.99
解释变量	同表 4.11	同表 4.11	同表 4.11	同表 4.11
样本量/个	4 942		18 532	

5.2.3　模型的选择与设定

本章将对城镇居民家庭金融资产持有量的影响因素进行实证分析，使用的样本数据是典型的"截断数据"，即因变量处于某个范围内的样本观测值被某一个相同的数值代替，观测值被压缩在了一个点上。具体来看，城镇居民家庭的样本数据可以分为两类：第一类家庭对相应金融资产的持有量不为 0，第二类家庭对相应金融资产的持有量为 0。尽管两类样本数据有相同的解释变量，但不持有相应金融资产的第二类家庭，其被解释变量被压缩在 0 点上。

事实上，持有金融资产的家庭与不持有金融资产的家庭，在性质上有很大的差别。这时候，需要建立一种不同于经典多变量线性模型的新模型，来更加精确地估计解释变量对被解释变量的作用。Tobit 模型是解决这类"截断数据"的有效方法，对该模型估计方法的介绍将在下一节进行。本章在前文分析的基础上，参照国内外已有的研究方法和结论，建立如下城镇居民家庭金融资产持有量的 Tobit 模型：

$$
\begin{cases}
fassets_i^m = \beta_0 + \beta_1 income_i + \beta_2 income_i^2 + \beta_3 wealth_i + \beta_4 wealth_i^2 + \\
\beta_5 house_i + \beta_6 business_i + \beta_7 insurance_i + \beta_8 fscale_i + \\
\displaystyle\sum_{j=1}^{2}\beta_{9j}age_{ji} + \sum_{j=1}^{3}\beta_{10j}education_{ji} + \sum_{j=1}^{2}\beta_{11j}health_{ji} + \sum_{j=1}^{2}\beta_{12j}riskatt_{ji} + \\
\beta_{13}gender_i + \beta_{14}married_i + \beta_{15}party_i + \displaystyle\sum_{j=1}^{2}\beta_{16j}region_{ji} + \varepsilon_i \quad 若\ RHS > 0 \\
fassets_i^m = 0 \quad 若\ RHS < 0
\end{cases}
$$

其中，被解释变量 $fassets_i^m$ 分别表示家庭持有第 m 类金融资产的数量，其中 $m = (all,\ saving,\ stock)$。$fassets_i^{all}$ 表示家庭金融资产的总量，$fassets_i^{saving}$ 表示家庭储蓄存款的数量，$fassets_i^{stock}$ 表示家庭股票的持有量。解释变量的含义见表 5.8。β_0 是常数项，β_1、β_2、β_3、β_4、β_5、β_6、β_7、β_8、β_{9j}、β_{10j}、β_{11j}、β_{12j}、β_{13}、β_{14}、β_{15}、β_{16j} 分别为对应解释变量的系数，ε_i 是随机误差项。

5.3　Tobit 模型的估计与检验

本部分内容根据我们所使用数据的特点，对相应的归并回归模型（Tobit 模型）进行理论探讨，重点分析该模型的适用条件、估计方法、模型的检验问题。在此基础上，综合本书的实际情况，确立适用的具体方法，从而为下文的实证分析奠定方法论基础。

本书使用的数据在问卷调查和后续的数据处理过程中，对因变量采用了"上不封顶"（top coding）的处理办法，即当 $y_i \geq c$（或 $y_i \leq c$）时，所有的 y_i 都取值为 c，这种数据属于典型的归并数据。对于这类变量，虽然我们拥有被解释变量的全部观测数据，但是，对于某些观测数据，被解释变量被压缩到了一个具体的点上[①]。

由于被解释变量是归并数据，其概率分布就变成由一个连续分布和一个离散点所构成的混合分布。在这种情况下，如果继续使用传统的 OLS 方法进行估计，不论使用的是整个样本，还是去掉归并点后的子样本，都无法得到一致估计（陈强，2014）。下面我们将分析普通最小二乘估计在估计归并数据模型时"失灵"的原因，再进一步探讨克服 OLS 缺陷的其他估计方法。

5.3.1　Tobit 模型的估计方法比较

1. 普通最小二乘法估计归并数据模型时的缺陷

Quester 和 Greene 在实证分析中发现最小二乘回归估计的 Tobit 模型估计量并不适当（Quester et al.，1982）。我们以数据的左归并为例[②]。假设 $y_i^* = x_i'\beta + \varepsilon_i$，其中 y_i^* 不可观测，扰动项的分布 $\varepsilon_i \mid x_i \sim N(0, \sigma^2)$。不失一般性，假定左截取点为 $c = c^*$，如果总的样本量为 N，即总样本中有 N_1 个样本被解释变量观测值大于 c^*（$y_i^* > c^*$），N_2 个样本被解释变量的观测值小于 c^*（$y_i^* \leqslant c^*$），其中 $N = N_1 + N_2$。假设可以观测到 y，以上左归数据可以表述为：

$$y_i = \begin{cases} y_i^*, & \text{若 } y_i^* > c^* \\ c^*, & \text{若 } y_i^* \leqslant c^* \end{cases}$$

① 归并回归（censored regression）不同于断尾回归，后者是缺失了相关数据。
② 右归并的情形可以做类似分析。

回归的本质就是估计条件期望函数，下面以左归并数据为例分别分析仅包含子样本和包含全部样本时归并分布的条件期望，在此基础上探寻传统 OLS 方法失灵的原因。

（1）仅包含子样本的条件期望。

如果仅对 N_1 个满足条件 $y_i > c^*$ 的子样本进行 OLS 估计，那么 $y_i > c^*$ 时的条件期望 $E(y_i \mid x_i; y_i > c^*) = E(y_i^* \mid x_i; y_i > c^*)$（当 $y_i > c^*$ 时，必然有 $y_i = y_i^*$）

$$= E(x_i'\beta + \varepsilon_i \mid x_i; y_i^* > c^*)$$

$$= x_i'\beta + E(\varepsilon_i \mid x_i; x_i'\beta + \varepsilon_i > c^*)$$

$$= x_i'\beta + E(\varepsilon_i \mid x_i; \varepsilon_i > c^* - x_i'\beta) \tag{5-1}$$

对于任意实数 c，定义"反米尔斯比率"（Inverse Mill's Rato，IMR）为

$$\lambda(c) = \frac{\varphi(c)}{1 - \Phi(c)}$$

那么，当随机变量服从标准正态分布 $\varepsilon_i \sim N(0, 1)$ 时，$E(\varepsilon \mid \varepsilon > c) = \lambda(c)$，反米尔斯比率在 c 点的取值，等于标准正态的密度函数 $\varphi(c)$ 除以密度函数曲线下比 c 大的阴影部分面积 $[1 - \Phi(c)]$。对于更一般的正态分布 $\varepsilon_i \sim N(\mu, \sigma^2)$，

定义 $z \equiv \dfrac{\varepsilon - \mu}{\sigma} \sim N(0, 1)$，那么 $\varepsilon = \mu + \sigma z$。所以：

$$E(\varepsilon \mid \varepsilon > c) = E(\mu + \sigma z \mid \mu + \sigma z > c)$$

$$= E(\mu + \sigma z \mid z > \frac{c - \varepsilon}{\sigma})$$

$$= \mu + \sigma E(z \mid z > \frac{c - \varepsilon}{\sigma})$$

$$= \mu + \sigma \lambda(\frac{c - \varepsilon}{\sigma})$$

由于 $\varepsilon_i \mid x_i \sim N(0, \sigma^2)$，把反米尔斯比率应用到式（5-1）中，最终可以得到仅包含子样本的条件期望：

$$E(y_i \mid x_i; \ y_i > c^*) = x_i'\beta + \sigma * \lambda\left(\frac{c^* - x_i'\beta}{\sigma}\right) \tag{5-2}$$

观察式（5-2）不难发现，在使用子样本进行回归时，由于忽略了非线性项 $\sigma * \lambda\left(\dfrac{c^* - x_i'\beta}{\sigma}\right)$，该项将被纳入在扰动项中，由于该非线性项中包含解释变量 x_i，从而导致扰动项与解释变量相关，因此在使用子样本进行 OLS 估计时，参数估计是不一致的。

（2）包含整个样本的条件期望。

包含全部 N 个样本观测值的条件期望为：$\dfrac{(\hat{\beta}_i - 0)^2}{Var(\beta_i^2)} = \dfrac{\hat{\beta}_i{}^2}{Var(\beta_i^2)}$ ~ $\chi^2(1)$

$$E(y_i \mid x_i) = c^* \bullet P(y_i \leqslant c^* \mid x_i) + E(y_i \mid x_i; \ y_i > c^*) \bullet P(y_i > c^* \mid x_i) \tag{5-3}$$

其中，$P(y_i > c^* \mid x_i) = P(y_i^* > c^* \mid x_i) = P(x_i'\beta + \varepsilon_i > c^* \mid x_i)$

$$= P(\varepsilon_i > c^* - x_i'\beta \mid x_i) = P\left(\frac{\varepsilon_i}{\sigma} > \frac{c^* - x_i'\beta}{\sigma} \mid x_i\right)$$

$$= 1 - \Phi\left(\frac{c^* - x_i'\beta}{\sigma}\right) \tag{5-4}$$

因此，由式（5-3）可知，$P(y_i \leqslant c^* \mid x_i) = \Phi\left(\dfrac{c^* - x_i'\beta}{\sigma}\right)$

$$\tag{5-5}$$

把式（5-2）、（5-4）和（5-5）代入（5-3）可得到包含整个样本的条件期望：

$$E(y_i \mid x_i) = c^* \bullet \Phi(\frac{c^* - x_i'\beta}{\sigma}) + [x_i'\beta + \sigma * \lambda(\frac{c^* - x_i'\beta}{\sigma})] \bullet [1$$

$$- \Phi(\frac{c^* - x_i'\beta}{\sigma})] \tag{5-6}$$

容易发现，式（5-6）是解释变量 x_i 的非线性函数，在这种情况下，如果仍然使用 OLS 对整个样本进行线性回归，其包含解释变量的非线性项将被纳入扰动项中，使扰动项与解释变量相关，从而导致参数估计的非一致性。

2. 极大似然法估计归并数据模型

Tobin（1958）提出用极大似然估计法（MLE）估计这个模型（Tobin，1958），因此该方法被称为"Tobit"[1]。Amemiya（1973）证明了用极大似然法估计 Tobit 模型时获得的估计量具有 MLE 方法通常所具有的全部优良特性。随后，Olsen（1978）进一步简化 Amemiya（1973）提出的似然函数。

如果数据是左归并数据，当 $y_i > c^*$ 时，y_i 的概率密度不会发生变化，即

$$f(y_i) = \frac{1}{\sigma}\varphi[(y_i - x_i'\beta)/\sigma], \quad \forall y_i > 0$$

但是，当 $y_i \leqslant c^*$ 时，y_i 的分布却被挤到一个点 $y_i = c^*$ 上了，即

$$P(y_i = c^* \mid x) = 1 - P(y_i > c^* \mid x) = \Phi(\frac{c^* - x_i'\beta}{\sigma})$$

因此，y_i 的分布变成由一个离散点和一个连续分布构成的混合分布，该混合分布的概率密度函数可以写成：

———————————

① 该方法又被称作"归并回归"（censored regression）或"Type I Tobit"。

$$f(y_i \mid x) = \left[\Phi\left(\frac{c^* - x_i^{'}\beta}{\sigma}\right) \right]^{1(y_i = c^*)} \left[\frac{1}{\sigma}\varphi\left((y_i - x_i^{'}\beta)/\sigma\right) \right]^{1(y_i > c^*)}$$

其中，$1(\cdot)$ 为示性函数，其含义为：如果括号里的表达式成立，取值为 1；反之，取值为 0。基于上式，我们可以写出整个样本的似然函数和对数似然函数，进而使用 MLE 的方法来对参数进行估计①。

5.3.2 Tobit 模型的检验

1. 模型参数估计值的显著性检验

沃尔德检验（Wald test）可以用来检验 Tobit 模型系数估计值的显著性②。对于回归模型，检验的原假设可以表示为：H_0：$\beta = \beta_0$，其中 β 为 k 行 1 列的未知参数向量，β_0 为 k 行 1 列的已知向量，原假设表示对模型参数施加了 k 个约束。Wald 检验的基本思想是：如果原假设 H_0 是正确的，那么无约束模型的估计量 $\hat{\beta}_u$ 与 β_0 的差距的绝对值（$\mid \hat{\beta}_u - \beta_0 \mid$）就不应该很大，因此可以通过分析模型参数 β 的无约束估计量 $\hat{\beta}_u$ 与 β_0 的距离来检验原假设。Wald 统计量可以表示为

$$W \equiv (\hat{\beta}_u - \beta_0)^{'} \left[Var(\hat{\beta}_u) \right]^{-1} (\hat{\beta}_u - \beta_0) \sim \chi^2(k)$$

值得注意的是，对于更一般的线性假设 H_0：$R\beta = c$（其中 R 为系数矩阵，c 为常数向量），以及非线性假设 H_0：$h(\beta) = 0$，Wald 检验有同样的结果。上述分析表明，计算 Wald 统计量时，只需估计无约束模型，而无须估计有约束的模型，因此可以直接

① 极大似然法估计就是求使得对数似然函数值达到最大的参数估计值 $\hat{\beta}$，$\hat{\sigma}$。
② 这种检验是由著名的数理统计学家——亚伯拉罕·沃尔德（Abraham Wald）于 20 世纪前叶提出的。

根据 Tobit 模型参数的极大似然估计结果对模型进行 Wald 检验。Tobit 模型参数的显著性检验，就是对 Tobit 模型估计参数逐个实施单一约束下的 Wald 检验。具体检验过程如下：

$H_0: \beta_i = 0 \ vs \ H_1: \beta_i \neq 0$

此时，Wald 统计量为

$$W = (\hat{\beta}_i - 0) Var (\hat{\beta}_i)^{-1} (\hat{\beta}_i - 0) = \frac{\hat{\beta}_i^{\,2}}{Var(\hat{\beta}_i)} \sim \chi^2(1)$$

上式表明，我们可以依据参数估计值和参数估计值的方差[①]直接计算得到 Wald 统计量，进而对 Tobit 模型参数的显著性进行检验。

2. 模型整体显著性检验

对于线性回归模型的整体显著性检验，传统的方法是基于方差分析的 F 统计量或者拟合优度的决定系数 R^2 [②]来衡量模型的整体拟合效果。方差分析的 F 检验统计量为：

$$F = \frac{ESS/(k-1)}{RSS/(n-k)} \sim F(k-1, \ n-k)$$

其中，ESS 为回归平方和，RSS 为残差平方和。F 统计量的本质是检验解释变量的线性组合是否是回归方差的主要来源。但是，在 Tobit 模型中，部分样本的解释变量被压缩到一个点上，此时解释变量并不是由解释变量的线性组合所决定的。如果采用 F 统计量，这部分样本也将按照与非归并样本同样的线性组合形式，参与回归平方和与残差平方和的计算。此时，F 统计量就无法正确反映所有非截取样本的线性组合的显著性，更不能衡量包括全部

---

① 极大似然估计量具有一致性，参数估计值的方差等于参数估计值标准差的平方。
② 对于多元线性回归模型需要用修正后的 R^2。

两部分样本的整个模型的显著性。由于 F 统计量不符合模型的实际情况,不能用于检验 Tobit 模型的拟合效果。为此,我们需要基于 Tobit 模型的特点,寻求其他方法来检验 Tobit 模型整体的显著性。

(1) Wald 检验。

根据 Wald 检验的思想,对模型整体显著性的检验相当于如下约束形式:

$H_0: \beta = 0$

其中,β 为 k 行 1 列的未知参数向量,该约束等价于检验 $\beta_1 = \beta_2 = \cdots = \beta_k = 0$。于是,检验统计量为

$$W \equiv (\hat{\beta})' \left[Var(\hat{\beta}) \right]^{-1} (\hat{\beta})$$

在参数估计值相互独立的情况下,$Var(\hat{\beta})$ 是一个对角矩阵,因此上式可以简化为:

$$W \equiv \sum_{i=1}^{k} \frac{\hat{\beta}^2_{\ i}}{Var(\hat{\beta}_i)} \sim \chi^2(k)$$

显然,将回归方程中各个参数 β_i 检验的 Wald 统计量累加,便可得到检验模型总体显著性的 Wald 统计量。

(2) 似然比检验(likelihood ratio test,LR)。

由于无约束条件下的模型参数空间比有约束条件下(即 H_0 成立时)的参数空间更大,因此,无约束的对数似然函数最大值比有约束的对数似然函数最大值更大。似然比检验(LR)的基本思想是:如果约束条件 H_0 正确,那么 $\left[\ln L(\hat{\beta}_u) - \ln L(\hat{\beta}_r) \right]$ 不应该很大,其中 $L(\hat{\beta}_u)$ 表示无约束对数似然函数最大值;$\ln L(\hat{\beta}_r)$ 表示有约束对数似然函数最大值。也就是说,如果 H_0 有效,加上该约束不会导致对数似然函数的大幅度降低,因此,通过检验似然

函数的差异，可以确定该解释变量是否应该存在于模型中。定义

似然比为 $\lambda = \dfrac{\ln L(\hat{\beta}_u)}{\ln L(\hat{\beta}_r)}$，其取值在 0 和 1 之间，如果 λ 的取值太

小，则怀疑约束不成立，需要拒绝原假设。如果原假设为 H_0：β = β_0，那么 $\hat{\beta}_r = \beta_0$。此时 LR 统计量如下：

$$LR \equiv -2\ln\left[\frac{\ln L(\hat{\beta}_0)}{\ln L(\hat{\beta}_u)}\right] = 2\left[\ln L(\hat{\beta}_u) - \ln L(\hat{\beta}_0)\right] \sim \chi^2(k)$$

式中，k 为约束条件的个数。若似然比统计量大于自由度为 k 的 χ^2 统计量的临界值，则说明约束无效，无约束方程优于有约束方程。反之，若似然比统计量小于 χ^2 统计量的临界值，则说明约束方程与无约束方程拟合效果没有显著差异。在本研究的实证分析部分中，将主要利用似然比检验，对比有约束①与无约束方程的显著性，以选取最优的回归模型。值得注意的是，似然比检验有一个缺陷，该检验需要估计有约束模型与无约束模型的两组参数向量。也就是说，它只能用于比较两个回归方程哪个更显著，而不能在只有一个回归方程的情况下确定其是否显著。为了弥补这个缺陷，在检验模型整体显著性时，我们还需要将 Wald 检验作为似然比检验的补充。

5.4　实证结果

5.4.1　模型估计结果与分析

本书采用极大似然法对家庭各类金融资产数量（金融资产总

---

① 本研究中的约束为模型中部分参数为 0。

额、股票金额和储蓄存款数额）的 Tobit 模型进行估计，在实际
回归分析中 3 个方程的自变量都取了对数。为了避免可能的异方
差问题，标准误差采用稳健性标准误。各变量系数的估计值见
表 5.18。

表 5.18　城镇居民家庭金融资产数量 Tobit 模型的估计结果

解释变量	Tobit 模型		Tobit 模型		Tobit 模型	
	金融资产对数		股票数量对数		储蓄存款对数	
	（1）		（2）		（3）	
	系数	标准差	系数	标准差	系数	标准差
收入	0.003 ***	0.001	0.026 ***	0.005	0.003 ***	0.001
收入平方	−0.000 ***	0.000	−0.000 ***	0.000	−0.000 ***	0.000
总资产	0.001 ***	0.000	0.003 ***	0.000	0.001 ***	0.000
总资产平方	−0.000 ***	0.000	−0.000 ***	0.000	−0.000 ***	0.000
房产占比	−0.015 ***	0.001	−0.032 ***	0.004	−0.017 ***	0.001
从事工商业	0.068	0.078	−2.677 ***	0.439	−0.035	0.115
商业保险	0.657 ***	0.067	1.990 ***	0.284	0.643 ***	0.096
家庭规模	−0.002	0.022	−0.193 *	0.109	−0.037	0.031
45 周岁以下	−0.200 **	0.079	−0.141	0.401	−0.461 ***	0.108
45~60 岁	−0.333 ***	0.077	−0.097	0.393	−0.560 ***	0.107
本科及以上	0.478 ***	0.096	1.106 ***	0.422	0.696 ***	0.132
专科	0.502 ***	0.091	1.782 ***	0.409	0.481 ***	0.128
高中	0.366 ***	0.067	1.451 ***	0.333	0.437 ***	0.096
身体健康	0.456 ***	0.070	−0.072	0.340	0.414 ***	0.098
一般健康	0.354 ***	0.072	−0.220	0.347	0.363 ***	0.099
风险偏好	0.324 ***	0.084	2.425 ***	0.342	0.130	0.115
风险中性	0.234 ***	0.063	0.863 ***	0.308	0.156 *	0.089
户主性别	0.175 ***	0.060	−0.231	0.277	0.175 **	0.084

表5.18(续)

解释变量	Tobit 模型		Tobit 模型		Tobit 模型	
	金融资产对数		股票数量对数		储蓄存款对数	
	（1）		（2）		（3）	
	系数	标准差	系数	标准差	系数	标准差
户主婚姻	0. 339 ***	0. 085	0. 828 **	0. 415	0. 400 ***	0. 116
是否党员	0. 254 ***	0. 071	0. 333	0. 316	0. 286 ***	0. 097
东部	0. 373 ***	0. 078	0. 265	0. 399	0. 344 ***	0. 109
中部	0. 564 ***	0. 083	0. 237	0. 438	0. 715 ***	0. 116
N	4 942		4 942		4 942	
$N\_\ lc$	933		4 400		1 936	
$N\_\ unc$	4 009		542		3 006	
Pseudo R^2	0. 108		0. 139		0. 063	

注：＊、＊＊、＊＊＊分别表示在10%、5%、1%的统计水平上显著。系数为边际效应，在 Tobit 模型中自变量对应变量的边际影响应当为边际系数乘以观测样本未被截取的概率。例如，某变量的估计系数为β，那么该变量的边际影响应当为$\beta \times P(Z)$；其中，$P(Z)$表示观测样本未被截取的概率，即未被截取的样本数除以全部样本数，本表中的估计系数已经进行了这种处理。

本节基于表 5.18 对城镇居民家庭金融资产数量 Tobit 模型的回归结果进行分析。

1. 收入对家庭金融资产持有量的影响

家庭收入的影响分为两个部分：一部分为匀速影响，为β_1；另一部分为加速影响，为$\beta_2 \times [(income + 1)^2 - income^2] = \beta_2 \times (2 \times income - 1)$。因此家庭收入增加一千元的总影响为：$[\beta_1 + \beta_2 \times (2 \times income - 1)]$。但是，家庭收入（ income ）在1%的显著性水平上对家庭金融资产总量、储蓄存款和股票持有量有正向影响，而家庭收入的平方项（ $income^2$ ）尽管在统计意义上显著，但回归系数和 0 很接近，经济意义不明显。因此，家庭收入的影响为 β_1。具体来看：家庭收入每增加一千元，会使家庭金融资产总量增加 0.3%；使股票持有量增加 2.6%；使储蓄存款增加 0.3%。总体上看：家庭收入对城镇居民家庭持有金融资产、储蓄存款和股票有显著的促进作用。

2. 财产对家庭金融资产持有量的影响

家庭资产的影响也包括两个部分：匀速影响部分为 β_3；加速影响部分为 $\beta_4 \times [(wealth + 1)^2 - wealth^2] = \beta_4 \times [(2 \times wealth - 1)]$。因此，家庭资产增加一千元的总效应为：$[\beta_3 + \beta_4 \times (2 \times wealth - 1)]$。家庭资产（$wealth$）在 1% 的显著性水平上对家庭金融资产总量、股票和储蓄存款有正向影响。尽管，家庭资产的平方项（$wealth^2$）在统计上显著，但回归系数基本为 0，经济意义不显著。因此，家庭资产的总效应为 β_3。具体来看，家庭财产每增长一千元，会使家庭金融资产总量增加 0.1%；使股票持有量增加 0.3%；使储蓄存款增加 0.1%。

3. 房产占比对家庭金融资产持有量的影响

房产比重（$house$）在 1% 的显著性水平上对城镇居民家庭金融资产总量、股票持有量和储蓄存款有负向作用，大小为 β_5。具体来看：家庭房产价值占家庭总资产的比重每提高 1 个百分点，会使家庭金融资产总量减少 1.5%；使股票持有量减少 3.2%；使储蓄存款减少 1.7%。

4. 工商业经营对家庭金融资产持有量的影响

工商业生产经营（$business$）对家庭金融资产总量和储蓄存款没有影响，但是挤出了家庭对股票的持有量。从事工商业生产经营的家庭在 1% 的水平上比没有从事工商业生产经营的家庭少

持有约 2.68 倍的股票，工商业经营在很大程度上替代了家庭对
股票的投资。

5. 商业保险对家庭金融资产持有量的影响

商业保险（$insurance$）在 1% 的显著性水平上对家庭持有金融
资产总量、股票和储蓄存款有显著的正向影响，估计系数分别为
0.657、1.99 和 0.643，表明与没有购买商业保险的家庭比，购买
商业保险将使城镇居民家庭持有金融资产的数量提高约 66%，持
有股票的数量提高约 2 倍，储蓄存款提高约 64%。商业保险能够
极大地促进家庭对金融资产的持有。

6. 家庭规模对金融资产持有量的影响

家庭规模（$fscale$）对家庭金融资产总量和储蓄存款没有影
响；但是在 10% 的水平上降低了家庭对股票的持有量，家庭规模
增加 1 人，家庭持有股票的数量将下降约 19%。

7. 户主年龄对家庭金融资产持有量的影响

户主年龄（age）在 5% 和 1% 的显著性水平上对金融资产总
量和储蓄存款产生负向影响，对股票持有量没有影响。具体来
看：与 60 周岁以上的老年户主家庭相比（age_3），45 周岁以下
（age_1）的青年户主家庭会减少金融资产总量 20%，减少储蓄存
款约 46%；相比于 60 周岁以上的老年户主家庭（age_3），45~60
岁之间（age_2）的中年户主家庭会减少家庭金融资产总量约
33%，减少储蓄存款 56%。

8. 户主受教育程度对家庭金融资产持有量的影响

户主受教育程度（$education$）对家庭金融资产总量、股票
持有量和储蓄存款有显著的正向影响。具体来看：相比于初中及
以下（$education_4$）户主家庭，本科及其以上（$education_1$）户

主家庭在 1% 的水平上增加金融资产持有量约 48%；增加股票持有量约 110%；增加储蓄存款约 70%。相比于初中及以下（$education_4$）户主家庭，专科或高职（$education_2$）的户主家庭在 1% 的水平上增加金融资产持有量约 50%；增加股票持有量约 178%；增加储蓄存款约 48%。相比于初中及以下（$education_4$）户主家庭，高中、职高或中专（$education_3$）的户主家庭在 1% 的水平上增加金融资产持有量约 37%；增加股票持有量约 145%；增加储蓄存款约 44%。

9. 户主健康状况对家庭金融资产持有量的影响

户主健康状况（$health$）在 1% 的显著性水平上对金融资产总量和储蓄存款产生正面影响，对股票持有量没有影响。具体来看：与健康状况不好的户主家庭（$health_3$）相比，健康状况良好的户主家庭（$health_1$）会增加持有金融资产总量约 46%；增加储蓄存款约 41%。相比于健康状况不好的户主家庭（$health_3$），健康状况一般的户主家庭（$health_2$）会增加家庭金融资产总量 35.4%；增加储蓄存款 36.3%。

10. 户主风险态度对家庭金融资产持有量的影响

户主风险态度（$riskatt$）对城镇居民家庭金融资产总量、储蓄存款量和股票持有量有显著的影响。具体来看：相比于风险厌恶的户主家庭（$riskatt_3$），风险偏好的户主家庭（$riskatt_1$）在 1% 的显著性水平上增加家庭金融资产总量约 32%；增加股票持有量约 2.4 倍；但是对储蓄存款的影响不大。由此可见，风险偏好将极大地促进家庭持有股票，影响家庭主观风险态度的因素将在很大程度上改变家庭股票配置的决策。相比于风险厌恶的户主家庭（$riskatt_3$），风险中性的户主家庭（$riskatt_2$）在 1% 的显著性水平上增加家庭金融资产总量 23.4%；增加股票持有量 86.3%；增加储蓄存款 15.6%。

11. 户主性别对家庭金融资产持有量的影响

相比于女性户主，男性户主在 1% 的显著性水平上增加家庭金融资产总量 17.5%；在 5% 的显著性水平上增加储蓄存款 17.5%；户主性别对股票持有量的影响不显著。

12. 户主婚姻状况对家庭金融资产持有量的影响

实证结果表明，户主婚姻状况对城镇居民家庭金融资产总量、储蓄存款量和股票持有量有不同程度的正向影响。相比于未婚家庭，已婚家庭在 1% 的显著性水平上增加家庭金融资产总量 33.9%；在 5% 的显著性水平上增加股票持有量 82.8%；在 1% 的显著性水平上增加储蓄存款 40%。

13. 户主政治面貌对家庭金融资产持有量的影响

相比于非党员的户主家庭，户主为党员的家庭在 1% 的显著性水平上增加家庭金融资产持有量 25.4%，在 1% 的显著性水平上增加储蓄存款 28.6%；是否党员对家庭股票持有量的影响不显著。

14. 不同地域对家庭金融资产持有量的影响

区域变量（ region ）对城镇居民家庭金融资产总量和储蓄存款量有不同影响，但对家庭股票持有量没有显著影响。具体来看：相比于西部地区的家庭（ $region_3$ ），东部地区的城镇居民家庭（ $region_1$ ）在 1% 的显著性水平上增加家庭金融资产总量 37.3%；增加储蓄存款 34.4%。相比于西部地区的家庭（ $region_3$ ），中部地区的城镇居民家庭（ $region_2$ ）在 1% 的显著性水平上增加家庭金融资产总量 56.4%；在 1% 的显著性水平上增加储蓄存款 71.5%。

5.4.2 估计结果的稳健性检验

为了检验家庭金融资产持有量模型的估计结果是否稳健，我们用 CHFS 的 2013 年调查数据重新对持有量模型进行了估计，估计结果见表 5.19。表 5.19 显示，家庭持有金融资产总量、股票数量和储蓄存款数量的估计结果与表 5.18 基本一致，即家庭特征变量、户主特征变量和区域变量对家庭金融市场参与深度有稳定的影响，研究结论具有稳健性。

表 5.19　家庭金融资产数量模型估计结果的稳健性检验

解释变量	Tobit 模型		Tobit 模型		Tobit 模型	
	金融资产对数		股票数量对数		储蓄存款对数	
	（1）		（2）		（3）	
	系数	标准差	系数	标准差	系数	标准差
收入	0.004 ***	0.000	0.022 ***	0.002	0.005 ***	0.000
收入平方	−0.000 ***	0.000	−0.000 ***	0.000	−0.000 ***	0.000
总资产	0.001 ***	0.000	0.001 ***	0.000	0.001 ***	0.000
总资产平方	−0.000 ***	0.000	−0.000 ***	0.000	−0.000 ***	0.000
房产占比	−0.009 ***	0.000	−0.012 ***	0.002	−0.010 ***	0.001
从事工商业	0.313 ***	0.041	−1.541 ***	0.233	0.215 ***	0.060
商业保险	0.680 ***	0.034	1.853 ***	0.156	0.714 ***	0.048
家庭规模	−0.100 ***	0.011	−0.410 ***	0.062	−0.143 ***	0.016
45 周岁以下	−0.166 ***	0.042	−1.173 ***	0.222	−0.215 ***	0.060
45~60 岁	−0.214 ***	0.040	−0.316	0.199	−0.392 ***	0.057
本科及以上	0.763 ***	0.052	2.697 ***	0.252	0.851 ***	0.072
专科	0.741 ***	0.050	2.809 ***	0.241	0.793 ***	0.070
高中	0.560 ***	0.037	2.361 ***	0.191	0.652 ***	0.053
身体健康	0.234 ***	0.035	−0.341 **	0.174	0.246 ***	0.049
一般健康	0.179 ***	0.039	−0.037	0.195	0.199 ***	0.056
风险偏好	0.368 ***	0.048	3.233 ***	0.200	0.083	0.067

表5.19(续)

解释变量	Tobit 模型		Tobit 模型		Tobit 模型	
	金融资产对数		股票数量对数		储蓄存款对数	
	（1）		（2）		（3）	
	系数	标准差	系数	标准差	系数	标准差
风险中性	0.372 ***	0.036	1.521 ***	0.178	0.384 ***	0.050
户主性别	0.072 **	0.034	-0.466 ***	0.160	0.081 *	0.047
户主婚姻	0.525 ***	0.046	1.184 ***	0.237	0.580 ***	0.063
是否党员	0.313 ***	0.038	-0.017	0.182	0.390 ***	0.054
东部	0.295 ***	0.040	1.067 ***	0.207	0.364 ***	0.056
中部	-0.071 *	0.043	0.010	0.241	-0.101	0.062
N	18 530		18 530		18 530	
N_lc	3 764		16 762		7 586	
N_unc	14 766		1 768		10 944	
Pseudo R^2	0.100		0.124		0.065	

注：* 、** 、*** 分别表示在10%、5%、1%的统计水平上显著。系数为边际效应，在 Tobit 模型中自变量对应变量的边际影响应当为边际系数乘以观测样本未被截取的概率。例如，某变量的估计系数为 β，那么该变量的边际影响应当为 $\beta \times P(Z)$；其中，$P(Z)$ 表示观测样本未被截取的概率，即未被截取的样本数除以全部样本数，本表中的估计系数已经进行了这种处理。

6 城镇居民家庭金融资产结构及其影响因素的实证分析

本章对家庭金融资产配置结构情况进行描述性统计，并实证检验哪些因素影响居民家庭金融资产配置结构，主要包括 3 个部分的内容：①利用 CHFS 在 2011 年和 2013 年的两轮家庭金融调查数据，对城镇居民家庭各类金融资产占家庭金融资产的比重、不同因素与金融资产结构的关系进行探索性描述统计，在初步识别不同因素对家庭金融资产结构影响的基础上，结合已有的理论分析，选择影响城镇居民家庭金融资产配置结构的因素；②在第一部分分析的基础上，选取具体的变量衡量指标，构建影响城镇居民家庭金融资产配置结构的 Tobit 模型；③对家庭金融资产结构模型进行估计，对参数估计结果进行计量经济学检验，对模型估计结果进行稳健性检验，最后结合相关理论对实证结果进行解释和分析。由于本章的模型估计方法与第 5 章相同，在此省略（具体介绍参见第 5 章 5.3 节）。

6.1 城镇居民家庭特征及金融资产结构的统计描述

本节将基于 CHFS 2011 年和 2013 年的两轮调查数据对城镇

居民家庭特征及金融资产结构进行统计分析。本节首先对家庭各类金融资产占家庭金融资产的比重进行简单统计分析；其次，对家庭和户主特征变量与家庭各类金融资产占比的关系进行描述性统计分析，即通过对家庭和户主属性变量进行分组，考察不同组别家庭的各类金融资产占比的分布情况，发现分布差异，为下一步的变量选取提供初步依据。

6.1.1 城镇居民家庭金融资产结构的描述性统计

表 6.1 统计了我国城乡居民家庭不同金融资产占家庭金融资产的比重，直观反映了我国城乡居民家庭在 2010 年和 2012 年的金融资产结构状况。总体来看，城乡居民家庭资产结构在两次调查中的差异不大，下文主要以 2013 年的调查数据对表 6.1 进行说明。在 2013 中国家庭金融调查的 27 194 个有效样本中，无风险性金融资产的占比为 88.45%，要远远高于 7.59% 的风险性金融资产占比。在无风险性金融市场中，持有现金占比为 47.71%；活期存款占比为 26.78%；定期存款占比为 12.82%；无风险性债券占比为 0.21%。在风险性金融资产中，股票占比为 2.32%；基金占比为 1.14%；风险性债券占比为 0.03%；金融衍生品占比为 0.04%；金融理财产品占比为 0.95%；非人民币资产占比为 0.18%；黄金占比为 0.27%；借出款占比为 2.66%。

分城镇居民家庭和农村居民家庭来看：2013 年城镇居民家庭和农村居民家庭在各类金融资产的占比上存在显著差异，城镇居民家庭在各类金融资产上的占比大多高于农村居民家庭，但在无风险性金融资产占比上，农村居民家庭高于城镇居民家庭，尤其是在现金占比上，农村居民家庭远远高于城镇居民家庭。具体来看：农村家庭银行活期存款占比为 20.62%，城镇家庭占比为 29.66%，高出农村家庭约 9 个百分点；农村家庭拥有银行定期存款占比仅为 7.94%，城镇家庭则为 15.11%，银行定期存款持有比率是农村家庭的 2 倍左右；农村家庭无风险性债券占比为 0.04%，城镇家庭为 0.29%。在风险性金融资产占比上，城乡差异更加明显：农村家庭风险性金融资产占比只有 2.46%，城镇家庭为 9.99%，高出农村家庭约 3 倍；农村家庭股票占比仅为 0.07%，城镇家庭则为 3.37%，城乡居民在股票数量的配置结构上差异巨大；农村居民基金占比为 0.08%，城镇家庭为 1.64%；2013 年的调查样本中没有农村家庭持有风险性债券（相应的占比为 0%），城镇家庭风险性债券的占比也很低，仅为 0.05%；在 2013 年的调查样本也少有农村家庭持有金融衍生品（占比仅为 0.01%），城镇家庭拥有金融衍生品占比也很低，仅为 0.06%；农村家庭金融理财产品占比为 0.05%，城镇家庭为 1.37%；农村家庭非人民币资产的占比为 0.03%，城镇家庭为 0.25%；农村家庭黄金占比为 0.11%，城镇家庭为 0.34%；农村家庭借出款占比为 2.1%，城镇家庭为 2.92%。

表 6.1 显示，城乡居民家庭在金融资产结构上同样存在巨大的差异，尤其在风险性金融资产的配置结构上，差异更加明显。由于城乡居民家庭在金融资产结构上存在显著的异质性，而且中国城乡之间长期存在"二元体制"，使得农村和城市在经济发展水平、社会保障制度和投资理财理念等方面存在系统性差异，如果将农村样本与城市样本混合在一起研究，必然导致异质性偏误问题。因此，本章充分考虑城乡差异对家庭金融资产选择的影响，在实证部分考察我国城镇居民家庭金融资产配置结构的影响

因素。对农村家庭金融资产配置结构的分析，需要另外进行针对性的研究，我们已经在此方面进行了一些初步的尝试，参见王阳、漆雁斌等（2013）的研究文献。

表6.1 城乡居民家庭金融资产结构的描述性统计

金融资产类别	2011 年调查			2013 年调查		
	城镇家庭/%	农村家庭/%	总体/%	城镇家庭/%	农村家庭/%	总体/%
现金	38.77	60.16	47.08	41.16	61.72	47.71
活期存款	31.07	21.12	27.20	29.66	20.62	26.78
定期存款	14.10	8.20	11.81	15.11	7.94	12.82
无风险性债券	0.22	0.04	0.15	0.29	0.04	0.21
无风险性资产	86.20	89.79	87.59	87.55	90.37	88.45
股票	4.22	0.45	2.76	3.37	0.07	2.32
基金	1.92	0.27	1.28	1.64	0.08	1.14
风险性债券	0.05	0.00	0.03	0.05	0.00	0.03
金融衍生品	0.00	0.00	0.00	0.06	0.01	0.04
金融理财产品	0.50	0.02	0.32	1.37	0.05	0.95
非人民币资产	0.24	0.06	0.17	0.25	0.03	0.18
黄金	0.28	0.08	0.20	0.34	0.11	0.27
借出款	4.58	3.57	4.19	2.92	2.10	2.66
风险性资产	11.80	4.46	8.95	9.99	2.46	7.59
样本量/个	4 942	3 135	8 077	18 532	8 662	27 194

注：①无风险性金融资产中的债券指国库券和地方政府债券价值的总和；风险性金融资产中的债券指金融债券和企业债券的价值总和；②无风险性金融资产中的现金指手持现金和股票账户内的现金总和。本章以下表格与此相同，不再赘述。

表6.2 考虑我国东、中、西部的区域差异，分别统计东部、

中部和西部地区的城乡居民的金融资产结构。表 6.2 显示，东、中、西部家庭在金融资产结构上存在显著差异，这种差异主要反映在风险性金融资产的占比上。总体上看：东部地区家庭风险性金融资产的占比最高，达到 9.75%；中部和西部地区占比较低，都为 5.73%。在风险性金融资产的具体类别上，东、中、西部地区也基本呈现相同的趋势，尤其在股票的占比上，东部地区家庭的股票占比要远远大于中、西部地区，东部地区为 3.4%，中、西部地区分别为 1.36% 和 1.43%。

表 6.2　东、中、西部地区家庭金融资产占比的描述性统计

金融资产类别	2011 年调查			2013 年调查		
	东部地区/%	中部地区/%	西部地区/%	东部地区/%	中部地区/%	西部地区/%
现金	40.41	51.31	55.1	41.01	55.27	51.16
活期存款	28.38	27.08	24.97	28.51	24.02	26.94
定期存款	14.76	10.41	7.63	16.45	9.84	9.51
无风险性债券	0.22	0.04	0.16	0.31	0.14	0.11
无风险性资产	85.79	89.71	88.50	87.58	89.87	88.35
股票	4.47	1.39	1.07	3.40	1.36	1.43
基金	1.73	0.81	0.97	1.56	0.70	0.89
风险性债券	0.04	0.00	0.04	0.03	0.04	0.04
金融衍生品	0.01	0.00	0.00	0.06	0.03	0.03
金融理财产品	0.48	0.21	0.12	1.48	0.52	0.46
非人民币资产	0.33	0.03	0.03	0.24	0.15	0.09
黄金	0.23	0.21	0.13	0.38	0.20	0.14
借出款	4.51	4.24	3.47	2.61	2.74	2.65

表6.2(续)

金融资产类别	2011 年调查			2013 年调查		
	东部地区/%	中部地区/%	西部地区/%	东部地区/%	中部地区/%	西部地区/%
风险性资产	11.8	6.89	5.84	9.75	5.73	5.73
金融资产总计	97.60	96.60	94.33	97.32	95.60	94.07
样本量/个	3 784	2 440	1 853	12 595	8 271	6 328
总样本/个	8 077			27 194		

6.1.2 城镇居民家庭金融资产结构影响因素的探索性分析

1. 城镇居民家庭金融资产结构的财富分布

表 6.3 反映了城镇居民家庭金融资产结构的财富分布状况。表 6.3 中 2013 年的统计结果表明，随着家庭财富水平的变化，家庭金融资产结构也发生了较大的波动。具体来看：随着家庭财富水平的提高，无风险性金融资产的占比会下降，贫困家庭、中等收入家庭、富裕家庭和最富裕家庭的参与率分别为 91.97%、91.22%、88.17%和 78.86%；与此同时，家庭风险性金融资产的占比将明显提高，分别为 3.69%、5.91%、10.28%和 20.09%。其他风险性金融资产的比重也有所提高，股票、基金和金融理财产品的比重显著增加。

Bertaut 和 Starr（2002）的研究发现，美国家庭财富水平的增加会使家庭提高股票和基金的持有份额。Arrondel 等（2002）发现，法国家庭中财富水平的提高会增加家庭的股票份额。我国城镇居民家庭金融资产配置比重的财富分布特征与这些国家类似。

表 6.3　城镇居民家庭金融资产结构的财富分布

金融资产类别	2011 年调查				2013 年调查			
	贫困/%	中等收入/%	富裕/%	最富裕/%	贫困/%	中等收入/%	富裕/%	最富裕/%
现金	54.20	42.09	33.71	25.10	57.52	46.59	36.14	24.40
活期存款	28.48	35.68	31.82	28.28	25.57	30.92	32.43	29.69
定期存款	8.97	12.17	16.22	19.03	8.54	12.93	17.69	21.27
无风险性债券	0.03	0.12	0.15	0.56	0.05	0.09	0.32	0.71
无风险性资产	91.97	90.95	84.47	77.40	91.97	91.22	88.17	78.86
股票	0.72	1.37	4.73	10.08	0.96	1.65	3.45	7.42
基金	0.51	0.95	2.27	3.94	0.48	1.15	1.88	3.05
风险性债券	0.00	0.00	0.01	0.18	0.03	0.03	0.05	0.08
金融衍生品	0.00	0.00	0.00	0.02	0.03	0.05	0.05	0.12
金融理财产品	0.11	0.19	0.42	1.28	0.22	0.51	0.95	3.79
非人民币资产	0.12	0.16	0.27	0.42	0.05	0.11	0.21	0.63
黄金	0.34	0.22	0.23	0.33	0.11	0.16	0.34	0.75
借出款	3.07	3.81	6.06	5.39	1.82	2.27	3.34	4.25
风险性资产	4.87	6.70	14.00	21.63	3.69	5.91	10.28	20.09
样本量/个	1 236	1 235	1 236	1 235	4 633	4 633	4 633	4 633
总样本/个	4 942				18 532			

2. 城镇居民家庭金融资产结构的房产占比分布

表 6.4 反映了城镇居民家庭金融资产结构的房产占比分布状况。表 6.4 中 2013 年的统计结果显示：没有住房的家庭与拥有房产的家庭在金融资产占比上存在差异，其在无风险性金融资产和风险性金融资产上的比重均介于房产占比中等和占比高的家庭之间，但小于房产低占比组的家庭。对于房产占比大于 0 的家庭而言，房产占比越高的家庭越倾向于增加无风险性金融资产的比重，降低风险性金融资产的比重。但是，值得注意的是，房产占比高的家庭在风险性金融资产的占比上远低于房产占比低和占比中等的家庭，房产占比对家庭股票、基金、风险性债券、金融衍

生品、非人民币资产的占比也有相同的影响趋势。根据对表 6.4
的分析，我们初步得出结论，房产占比对风险性金融资产尤其是
股票占比具有"挤出效应"。

Kullmann 和 Siegel（2003）发现，美国家庭的房产投资会降
低家庭股票及其他风险资产的比重。Cardak 和 Wilkins（2009）发
现，在澳大利亚拥有住房会提高家庭风险资产的持有比例。在中
国，房产投资对于城镇家庭金融资产结构的影响，与美国相似，
与澳大利亚存在差异。

表 6.4　城镇居民家庭金融资产结构的房产占比分布

金融资产类别	2011 年调查				2013 年调查			
	无住房/%	房产占比低/%	房产占比中等/%	房产占比高/%	无住房/%	房产占比低/%	房产占比中等/%	房产占比高/%
现金	45.71	23.25	32.00	63.73	41.89	33.94	34.88	59.60
活期存款	29.12	33.62	35.01	21.78	28.82	32.96	32.25	22.74
定期存款	12.47	21.04	15.56	5.18	16.30	15.94	17.12	7.98
无风险性债券	0.10	0.25	0.22	0.26	0.21	0.35	0.38	0.21
无风险性资产	88.62	81.17	85.28	91.62	88.41	84.72	86.38	91.13
股票	2.85	6.25	5.06	1.35	2.96	3.66	4.46	1.66
基金	0.98	2.81	2.30	0.81	1.34	1.80	2.11	1.09
风险性债券	0.14	0.12	0.01	0.00	0.06	0.06	0.06	0.00
金融衍生品	0.00	0.00	0.01	0.00	0.05	0.10	0.05	0.05
金融理财产品	0.57	0.68	0.65	0.00	1.25	1.57	1.84	0.46
非人民币资产	0.55	0.33	0.16	0.14	0.14	0.44	0.32	0.11
黄金	0.23	0.31	0.25	0.34	0.34	0.56	0.34	0.12
借出款	4.05	7.41	5.12	1.00	3.06	5.41	2.79	0.42
风险性资产	9.36	17.9	13.56	3.63	9.20	13.60	11.97	3.91
样本量/个	643	1 075	2 150	1 074	5 939	3 149	6 298	3 146
总样本/个	4 942				18 532			

3. 城镇居民家庭金融资产结构的保险状况分布

表6.5根据家庭成员是否购买商业保险,把样本家庭分为两组,分别统计是否购买商业保险两组样本家庭在不同金融资产占比上的差异。表4.5中2013年的调查数据显示,购买商业保险的家庭在风险性金融资产的占比上显著高于没有购买商业保险的家庭,分别为18.64%和7.51%。在股票资产的占比上也差异巨大,购买商业保险的家庭和没有购买商业保险的家庭分别为6.33%和2.52%。这表明未来的不确定性对家庭投资股票等风险性金融市场具有重要影响,会降低家庭对这类金融市场的参与深度。商业保险等手段能够降低家庭面临的不确定性,进而提高家庭风险性金融资产的占比。

表 6.5　城镇居民家庭金融资产结构的商业保险分布

金融资产类别	2011 年调查		2013 年调查	
	有商业保险/%	没有商业保险/%	有商业保险/%	没有商业保险/%
现金	25.34	41.73	27.08	45.20
活期存款	31.90	30.88	32.12	28.95
定期存款	15.11	13.87	18.36	14.17
无风险性债券	0.50	0.16	0.43	0.26
无风险性资产	77.09	88.20	80.59	89.55
股票	9.31	3.11	6.33	2.52
基金	3.84	1.49	3.04	1.24
风险性债券	0.19	0.02	0.13	0.03
金融衍生品	0.00	0.01	0.10	0.04

表6.5(续)

金融资产类别	2011 年调查		2013 年调查	
	有商业保险/%	没有商业保险/%	有商业保险/%	没有商业保险/%
金融理财产品	1.24	0.34	2.63	1.01
非人民币资产	0.62	0.16	0.57	0.16
黄金	0.29	0.28	0.73	0.23
借出款	6.86	4.08	5.11	2.29
风险性资产	22.35	9.48	18.64	7.51
样本量/个	4 052	890	14 399	4 133
总样本/个	4 942		18 532	

4. 城镇居民家庭金融资产结构的年龄分布

表6.6反映了城镇居民家庭金融资产结构的年龄分布状况。表6.6中2013年的调查数据显示,不管户主年龄处于什么阶段,银行存款等无风险性资产占比都居于主要地位,股票、基金、风险性债券、金融衍生品、金融理财产品、非人民币资产、黄金和借出款等风险性金融资产的占比都不高。此外,随着户主年龄的增长,定期存款占比不断增加,3个年龄段分别为12.09%、13.76%和20.66%。与此同时,风险性金融资产和股票的占比不断下降,3个年龄段对风险性金融市场的参与分别为12.77%、9.33%和7.11%。家庭对其他风险性金融资产市场的参与率随年龄的增长也基本呈现递减的趋势。Guiso等(2000)的研究发现,在西方发达国家,美国、英国、意大利、德国以及荷兰等国家的家庭的股票投资在年龄分布上呈现"倒U"形。Cardak和Wilkins(2009)发现,在澳大利亚,年龄增大会提高家庭持有风险性资

产的比例。Arrondel 等（2002）发现，法国家庭中股票份额在年龄分布上呈现"钟形"。总体上看，年龄对我国城镇居民家庭金融资产结构的影响与发达国家存在一定的差异。

表 6.6　城镇居民家庭金融资产结构的年龄分布

金融资产类别	2011 年调查			2013 年调查		
	小于 45 周岁 /%	45~ 60 周岁 /%	大于 60 周岁 /%	小于 45 周岁 /%	45~ 60 周岁 /%	大于 60 周岁 /%
现金	35.81	42.03	39.73	36.23	44.95	43.17
活期存款	34.96	29.00	26.63	35.77	27.85	23.76
定期存款	10.31	13.59	22.03	12.09	13.76	20.66
无风险性债券	0.09	0.05	0.71	0.15	0.28	0.50
无风险性资产	83.53	86.81	90.39	85.73	88.27	89.10
股票	4.81	4.19	3.16	3.53	3.58	2.91
基金	2.24	1.94	1.25	1.76	1.70	1.41
风险性债券	0.09	0.03	0.00	0.05	0.06	0.03
金融衍生品	0.01	0.00	0.00	0.09	0.04	0.04
金融理财产品	0.58	0.41	0.49	1.24	1.40	1.49
非人民币资产	0.29	0.15	0.27	0.32	0.22	0.20
黄金	0.34	0.13	0.38	0.61	0.27	0.07
借出款	6.77	3.40	2.12	5.18	2.07	0.96
风险性资产	15.13	10.26	7.67	12.77	9.33	7.11
样本量/个	2 164	1 641	1 137	6 969	6 258	5 305
总样本/个	4 942			18 532		

5. 城镇居民家庭金融资产结构的教育状况分布

表 6.7 显示了城镇居民家庭金融资产结构的教育分布情况。2013 年的调查数据显示，随着户主受教育程度的提高，家庭无风险性金融资产的比重呈现明显下降趋势，其中现金和无风险性债

券的比重明显减少，但活期存款和定期存款的比重小幅提高。与此同时，风险性金融资产比重随着户主受教育程度的提升显著增加，股票、基金、风险性债券、金融衍生品、金融理财产品和非人民币资产的比重均呈现出明显的增加趋势。总体来看，随着户主受教育水平的提升，家庭配置于无风险性金融资产的比重下降，配置于风险性金融资产的比重提高。

表 6.7　城镇居民家庭金融资产结构的教育状况分布

金融资产类别	2011 年调查				2013 年调查			
	初中（及以下）/%	高中/%	大专/%	本科（及以上）/%	初中（及以下）/%	高中/%	大专/%	本科（及以上）/%
现金	47.00	36.66	25.75	23.44	50.88	36.55	27.99	22.66
活期存款	29.63	32.36	31.86	33.24	26.53	31.88	33.14	34.88
定期存款	12.36	14.59	16.54	17.53	13.03	16.58	17.60	18.40
无风险性债券	0.02	0.11	0.53	0.90	0.18	0.33	0.48	0.51
无风险性资产	90.11	86.20	78.40	78.34	91.15	87.08	81.75	79.17
股票	2.02	4.41	8.27	8.61	1.43	4.15	6.13	7.22
基金	1.00	1.88	3.62	3.91	0.72	1.84	2.96	3.79
风险性债券	0.04	0.02	0.06	0.13	0.07	0.07	0.12	0.07
金融衍生品	0.00	0.00	0.00	0.04	0.01	0.06	0.10	0.17
金融理财产品	0.18	0.58	0.66	1.43	0.55	1.42	2.54	3.49
非人民币资产	0.14	0.18	0.28	0.71	0.12	0.20	0.34	0.79
黄金	0.28	0.10	0.65	0.30	0.21	0.29	0.48	0.85
借出款	4.19	4.44	6.30	4.84	2.30	3.23	4.43	3.48
风险性资产	7.85	11.6	19.85	19.97	5.35	11.26	17.10	19.87
样本量/个	2 447	1 272	572	651	9 529	4 525	2 086	2 392
总样本/个	4 942				18 532			

6. 城镇居民家庭金融资产结构的健康状况分布

表 6.8 统计了不同健康状况的家庭在各类金融资产上的占比

情况。2013 年的调查数据显示，随着户主健康状况的改善，家庭无风险性金融资产的比重下降，风险性金融资产的比重显著提高。良好的健康状况提高了家庭在股票和基金上的投资比重。此外，随着户主健康状况的改善，家庭持有其他种类的风险性金融资产份额也有所提高。Rosen 和 Wu（2004）发现，美国家庭的健康状况会负向影响居民在风险性资产投资上的比重。Cardak 和 Wilkins（2009）发现，澳大利亚居民家庭的健康状况恶化也会减少家庭对风险性资产的投资比重。Guiso 等（1996）发现，意大利家庭的健康风险对于风险性资产比重具有负向作用。健康状况对我国城镇家庭资产比重的影响与这些国家基本一致。

表 6.8　城镇居民家庭金融资产结构的健康状况分布

金融资产类别	2011 年调查			2013 年调查		
	不健康 /%	一般 /%	健康 /%	不健康 /%	一般 /%	健康 /%
现金	46.56	37.81	33.62	45.05	38.02	35.83
活期存款	29.13	29.06	34.28	26.80	31.25	34.01
定期存款	10.62	17.47	13.87	15.32	15.71	14.33
无风险性债券	0.16	0.28	0.20	0.34	0.27	0.22
无风险性资产	88.25	86.61	84.26	88.71	86.67	85.93
股票	3.07	4.21	5.12	2.97	3.90	3.78
基金	0.98	2.36	2.26	1.41	1.94	1.89
风险性债券	0.07	0.01	0.06	0.04	0.05	0.07
金融衍生品	0.00	0.00	0.01	0.04	0.05	0.09
金融理财产品	0.46	0.50	0.54	1.25	1.45	1.55
非人民币资产	0.41	0.11	0.22	0.25	0.23	0.26

表6.8(续)

金融资产类别	2011 年调查			2013 年调查		
	不健康/%	一般/%	健康/%	不健康/%	一般/%	健康/%
黄金	0.32	0.17	0.34	0.23	0.40	0.52
借出款	3.11	4.23	6.02	1.96	3.58	4.30
风险性资产	8.43	11.59	14.57	8.14	11.60	12.45
样本量/个	1 446	1 615	1 881	5 273	3 340	9 919
总样本/个	4 942			18 532		

7. 城镇居民家庭金融资产结构的风险态度分布

表 6.9 反映了城镇居民家庭金融资产结构在不同风险态度上的分布状况。相对于风险厌恶的家庭,风险偏好的家庭持有无风险性金融资产的比重明显下降,现金、定期存款和无风险性债券的比重均呈下降趋势。家庭风险态度的转变(由厌恶变为偏好),会显著增加家庭投资于风险性金融资产的比重,股票、基金、风险性债券、金融衍生品、金融理财产品、非人民币资产的占比都有所提高。总体来看:风险态度的转变(由厌恶变为偏好)将促使家庭更多地增持风险性金融资产,减少对无风险性金融资产的配置比重。

表 6.9　城镇居民家庭金融资产结构的风险态度分布

金融资产类别	2011 年调查			2013 年调查		
	风险偏好/%	风险中性/%	风险厌恶/%	风险偏好/%	风险中性/%	风险厌恶/%
现金	31.81	34.68	42.47	32.65	33.51	45.28
活期存款	32.21	34.15	29.32	32.38	35.31	27.23

表6.9(续)

金融资产类别	2011年调查			2013年调查		
	风险偏好/%	风险中性/%	风险厌恶/%	风险偏好/%	风险中性/%	风险厌恶/%
定期存款	9.79	12.16	16.10	9.50	14.15	16.42
无风险性债券	0.10	0.22	0.25	0.16	0.23	0.34
无风险性资产	77.46	83.48	89.68	77.78	85.05	90.13
股票	9.21	4.85	2.67	8.71	4.13	2.17
基金	2.78	2.43	1.46	2.18	2.08	1.39
风险性债券	0.12	0.07	0.02	0.11	0.12	0.01
金融衍生品	0.03	0.00	0.00	0.24	0.08	0.01
金融理财产品	0.97	0.62	0.33	2.11	1.97	1.03
非人民币资产	0.47	0.24	0.18	0.62	0.34	0.15
黄金	0.53	0.27	0.22	0.70	0.54	0.21
借出款	6.76	6.42	3.16	5.74	4.15	2.00
风险性资产	20.87	14.90	8.05	20.40	13.40	6.99
样本量/个	720	1 359	2 863	2 144	4 185	12 203
总样本/个	4 942			18 532		

6.2　城镇居民家庭金融资产结构的模型构建

6.2.1　变量选取与赋值

本书第3章对家庭风险性金融资产配置结构的影响因素进行了理论分析,本部分将在此基础上,结合6.1节对家庭金融资产结构在不同变量下的分布状况,选择影响家庭金融资产结构的因素,分别构建3个家庭金融资产结构模型,分别是:①风险性金融资产占家庭金融总资产比重模型；②股票占家庭金融资产比重模型；③储蓄占家庭金融资产比重模型。本章利用 CHFS 微观家庭数据，实证检验哪些因素影响家庭金融资产配置结构，并对估计结果进行稳健性检验。3 个实证模型对应的被解释变量分别为：①家庭风险性金融资产占比变量（$faratio^{risk}$）；②家庭股票占比变量（$faratio^{stock}$）；③家庭储蓄存款占比变量（$faratio^{saving}$）。3 个被解释变量的赋值见表 6.10。这 3 个模型有相同的解释变量，这些解释变量与第 4 章家庭金融市场参与率模型的解释变量一致，具体赋值情况参见第 4 章表 4.10。

表 6.10　家庭金融资产比重模型的变量设定与变量赋值

变量类型	变量名称	变量含义	变量赋值说明
被解释变量	$faratio^{all}$	风险性金融资产占比	风险性金融资产占家庭金融总资产的比重
	$faratio^{stock}$	股票占比	股票价值占家庭金融资产的比重
	$faratio^{saving}$	储蓄占比	储蓄存款占家庭金融资产的比重
解释变量	同第 4 章表 4.10		

6.2.2　变量的描述性统计

表 6.11 给出了被解释变量在 2011 年调查和 2013 年调查的描述性统计结果，3 个模型解释变量的描述性统计结果与第 4 章表 4.11 一致，限于篇幅，没有在此列出。表 6.11 显示：家庭风险性金融资产占比在两轮调查中分别为 11.8% 和 9.9%，有少量减少；股票占比从 4.22% 减少为 3.37%；储蓄占比从 45.16% 微

减到 44.76%。由于 2013 年的调查大幅增加了样本量，所以被解释变量的方差小于 2011 年调查数据，被解释变量在 2013 年的波动性更小。

表 6.11　变量的描述性统计

变量名	2011 年调查		2013 年调查	
	平均值	标准差	平均值	标准差
风险性金融资产占金融总资产的比重/%	11.80	24.60	9.99	23.57
股票价值占金融总资产的比重/%	4.22	14.82	3.37	13.24
储蓄存款占金融总资产的比重/%	45.16	41.47	44.76	40.23
解释变量	同表4.11	同表4.11	同表4.11	同表4.11
样本量/个	4 942		18 532	

6.2.3　模型的选择与设定

本节将对城镇居民家庭金融资产比重的影响因素进行实证分析，使用的样本数据也是典型的"归并数据"。具体来看，城镇居民家庭金融资产结构的样本数据包括两类：第一类样本家庭持有相应类型的金融资产，家庭持有该类金融资产的比重大于 0；第二类样本家庭不持有某些种类的金融资产，因此这些金融资产的比重为 0。与第 5 章一样，两类样本数据有相同的解释变量，第二类样本家庭的被解释变量被压缩在 0 上，属于典型的"归并数据"。因此，本部分仍将选择 Tobit 模型来估计解释变量对各类金融资产比重的影响，分别构建城镇居民家庭金融资产占家庭总资产比重的 Tobit 模型、城镇居民家庭储蓄存款占家庭金融资产比重的 Tobit 模型、城镇居民家庭股票持有量占家庭金融资产比重的 Tobit 模型。

$$
\begin{cases}
faratio_i^m = \beta_0 + \beta_1 income_i + \beta_2 income_i^2 + \beta_3 wealth_i + \beta_4 wealth_i^2 + \\
\quad \beta_5 house_i + \beta_6 business_i + \beta_7 insurance_i + \beta_8 fscale_i + \\
\quad \sum_{j=1}^{2} \beta_{9j} age_{ji} + \sum_{j=1}^{3} \beta_{10j} education_{ji} + \sum_{j=1}^{2} \beta_{11j} health_{ji} + \sum_{j=1}^{2} \beta_{12j} riskatt_{ji} + \\
\quad \beta_{13} gender_i + \beta_{14} married_i + \beta_{15} party_i + \sum_{j=1}^{2} \beta_{16j} region_{ji} + \varepsilon_i \ 若\ RHS > 0 \\
faratio_i^m = 0 \quad 若\ RHS < 0
\end{cases}
$$

其中，被解释变量 $faratio_i^m$ 表示家庭持有的第 m 类金融资产的比重，其中 $m = (risk, stock, saving)$，$faratio_i^{risk}$ 表示家庭风险性金融资产占家庭金融资产的比重，$faratio_i^{stock}$ 表示股票占家庭金融资产的比重，$faratio_i^{saving}$ 表示储蓄存款占家庭金融资产的比重。

解释变量的含义见表 6.10。β_0 是常数项，β_1、β_2、β_3、β_4、β_5、β_6、β_7、β_8、β_{9j}、β_{10j}、β_{11j}、β_{12j}、β_{13}、β_{14}、β_{15}、β_{16j} 分别为对应解释变量的系数，ε_i 是随机误差项。

6.3 实证结果

6.3.1 模型估计结果与分析

采用极大似然法对家庭各类金融资产比重（家庭风险性金融资产比重、储蓄存款比重和股票比重）的 Tobit 模型进行估计，为了避免可能的异方差问题，回归分析的标准误采用稳健性标准误。各变量系数的估计值见表 6.12。

表 6.12　城镇居民家庭金融资产结构模型的估计结果

解释变量	Tobit 模型		Tobit 模型		Tobit 模型	
	风险性金融资产占比		股票占比		储蓄存款占比	
	（1）		（2）		（3）	
	系数	标准差	系数	标准差	系数	标准差
收入	0.033**	0.015	0.025	0.018	0.020*	0.012
收入平方	-0.000**	0.000	-0.000	0.000	-0.000	0.000
总资产	0.026***	0.002	0.031***	0.003	0.006***	0.001
总资产平方	-0.000***	0.000	-0.000***	0.000	-0.000***	0.000
房产占比	-0.314***	0.036	-0.319***	0.049	-0.173***	0.029
从事工商业	-9.972***	3.359	-34.309***	5.401	-3.111	2.476
商业保险	23.577***	2.588	24.383***	3.570	5.598***	2.034
家庭规模	-0.022	0.953	-1.621	1.289	-1.163*	0.692
45 周岁以下	12.669***	3.404	-0.659	4.853	-6.446***	2.452
45~60 岁	1.831	3.460	0.026	4.807	-8.756***	2.432
本科及以上	6.993*	3.733	17.507***	5.026	8.097***	2.853
专科	17.524***	3.672	25.766***	5.043	7.304***	2.758
高中	7.940***	2.875	19.451***	4.058	6.918***	2.132
身体健康	9.328***	2.960	2.393	4.120	9.411***	2.210
一般健康	7.961***	2.986	2.908	4.144	7.538***	2.259
风险偏好	25.110***	3.061	31.055***	4.157	-4.223*	2.441
风险中性	13.543***	2.694	11.211***	3.755	0.998	2.014
户主性别	4.697*	2.457	-1.153	3.353	2.542	1.877
户主婚姻	0.529	3.382	10.853**	5.069	4.244	2.595
是否党员	3.829	2.934	4.841	3.863	6.239***	2.167
东部	7.978**	3.404	5.971	4.803	8.444***	2.577
中部	9.159**	3.694	2.738	5.321	16.956***	2.738
N	4 942		4 942		4 942	

表6.12(续)

解释变量	Tobit 模型		Tobit 模型		Tobit 模型	
	风险性金融资产占比		股票占比		储蓄存款占比	
	(1)		(2)		(3)	
	系数	标准差	系数	标准差	系数	标准差
N_lc	3 626		4 386		1 653	
N_unc	1 316		556		3 289	
Pseudo R^2	0.050		0.081		0.006	

注：＊、＊＊、＊＊＊分别表示在10%、5%、1%的统计水平上显著。系数为边际效应，在 Tobit 模型中自变量对应变量的边际影响应当为边际系数乘以观测样本未被截取的概率。例如，某变量的估计系数为 β，那么该变量的边际影响应当为 $\beta \times P(Z)$；其中，$P(Z)$ 表示观测样本未被截取的概率，即未被截取的样本数除以全部样本数，本表中的估计系数已经进行了这种处理。

本节将基于表6.12，对城镇居民家庭金融资产数量模型的回归结果进行分析。

1. 收入对家庭金融资产结构的影响

家庭收入的影响分为两个部分：一部分为匀速影响，为 β_1；另一部分为加速影响，为 $\beta_2 \times [(income + 1)^2 - income^2] = \beta_2 \times (2 \times income - 1)$。因此家庭收入增加一千元的总效应为：$[\beta_1 + \beta_2 \times (2 \times income - 1)]$。但是，家庭收入（income）在1%的显著性水平上对家庭风险性金融资产占比、储蓄存款占比有正向影响，而家庭收入的平方项（$income^2$）尽管在统计意义显著，但回归系数和0很接近，经济意义不明显。因此，家庭收入的影响为 β_1。具体来看：家庭收入每增加一千元，会使家庭风险性金融资产占比在5%的水平上增加约0.03%；在10%的显著水平上使储蓄存款占比增加0.02%。收入对股票占比没有显著影响。

2. 财产对家庭金融资产结构的影响

家庭资产的影响也包括两个部分：匀速影响部分为 β_3；加速影响部分为 $\beta_4 \times [(wealth + 1)^2 - wealth^2] = \beta_4 \times [(2 \times wealth - 1)]$。因此，家庭资产增加一千元的总效应为：$[\beta_3 + \beta_4 \times (2 \times wealth - 1)]$。家庭资产（wealth）在 1% 的显著性水平上对家庭风险性金融资产占比、股票占比和储蓄存款占比有正向影响。尽管家庭资产的平方项（$wealth^2$）在统计上显著，但回归系数基本为 0，经济意义不显著。具体来看：家庭财产每增长一千元，会使家庭风险性金融资产的占比在 1% 的显著水平上增加 0.026%；使股票占比在 1% 的显著水平上增加 0.031%；使储蓄存款占比在 1% 的显著水平上增加 0.006%。

3. 房产占比对家庭金融资产结构的影响

房产比重（house）在 1% 的显著性水平上对家庭风险性金融资产占比、股票占比和储蓄存款占比有负向作用。具体来看：家庭房产价值占家庭总资产的比重每提高 1 个百分点，会使家庭风险性金融资产占比减少约 0.3%；使股票占比减少约 0.32%；使储蓄存款占比减少约 0.17%。过度的房产投资将抑制家庭对股票等风险性金融资产的配置比重。

4. 工商业经营对家庭金融资产结构的影响

工商业经营（business）对家庭风险性金融资产占比和股票占比有显著的负向影响。但是对储蓄存款占比的影响不大。从事工商业经营的家庭在 1% 的水平上比没有从事工商业经营的家庭在风险性金融资产的占比上少约 10%，在股票占比上少约 34%。工商业经营在很大程度上挤占了家庭对股票等风险性金融资产的投资比重。

5. 商业保险对家庭金融资产结构的影响

商业保险（*insurance*）在1%的显著性水平上对风险性金融资产总量占比、股票占比和储蓄存款占比具有正向影响。与没有购买商业保险的家庭比，购买商业保险将使城镇居民家庭风险性金融资产占比提高约23.6%，股票占比提高约24%，储蓄存款占比提高约5.6%。商业保险能够极大地提高家庭对股票和风险性金融资产的配置比重。

6. 家庭规模对金融资产结构的影响

家庭规模（*fscale*）对家庭风险性金融资产占比和股票占比没有影响，但是在10%的水平上降低了家庭储蓄存款占比。家庭规模每增加1人，家庭储蓄存款占比将下降约1.16%。

7. 户主年龄对家庭金融资产结构的影响

户主年龄（*age*）对风险性金融资产占比、股票占比和储蓄存款占比有不同影响。具体来看：与60周岁以上的老年户主家庭相比（age_3），45周岁以下（age_1）的青年户主家庭会在1%的水平上增加风险性金融资产占比约12.7%；在1%的水平上减少储蓄存款占比约6.4%。但是青年户主家庭与老年户主家庭在股票占比上没有差异。相比于60周岁以上的老年户主家庭（age_3），45~60岁（age_2）的中年户主家庭在1%的水平上减少约8.8%的储蓄存款比重，但是中年户主家庭与老年户主家庭在风险性金融资产占比和股票占比上没有差异。

8. 户主受教育程度对家庭金融资产结构的影响

户主受教育程度（*education*）对风险性金融资产总量占比、股票占比和储蓄存款占比有显著的正向影响。具体来看：相比于初中及以下（$education_4$）户主家庭，本科及以上（$education_1$）户主家庭在10%的水平上增加风险性金融资产占比约7.0%；增加股票占比约17.5%；增加储蓄存款占比约8.1%。相比于初中及以下（$education_4$）户主家庭，专科或高职（$education_2$）的户主家庭在1%的水平上增加风险性金融资产占比约17.5%；增加股票占比约25.8%；增加储蓄存款占比约7.3%。相比于初中及以下（$education_4$）户主家庭，高中、职高或中专（$education_3$）的户主家庭在1%的水平上增加风险性金融资产占比约7.9%；增加股票占比约19.5%；增加储蓄存款占比约6.9%。

9. 户主健康状况对家庭金融资产结构的影响

户主健康状况（$health$）在1%的显著性水平上对风险性金融资产占比和储蓄存款占比有正面影响，对股票占比没有影响。具体来看：与健康状况不好的户主家庭（$health_3$）相比，健康状况良好的户主家庭（$health_1$）会增加风险性金融资产占比约9.3%；增加储蓄存款占比约9.4%。相比于健康状况不好的户主家庭（$health_3$），健康状况一般的户主家庭（$health_2$）会增加风险性金融资产占比约8%；增加储蓄存款占比约7.5%。

10. 户主风险态度对家庭金融资产结构的影响

户主风险态度（$riskatt$）对城镇居民风险性金融资产占比、股票占比和储蓄存款占比有不同的影响。具体来看：相比于风险厌恶的户主家庭（$riskatt_3$），风险偏好的户主家庭（$riskatt_1$）在1%的显著性水平上增加家庭风险性金融资产占比约25%；增加股票占比约31%；在10%的水平减少约4.2%的储蓄存款占比。由此可见，风险偏好的家庭将极大地提高其风险性金融资产和股票的比重，影响家庭主观风险态度的因素将在很大程度上改变家庭金融资产配置的决策。相比于风险厌恶的户主家庭（$riskatt_3$），风险中性的户主家庭（$riskatt_2$）在 1% 的显著性水平上增加风险性金融资产占比约 13.5%；增加股票占比约 11%。风险厌恶和风险中性的家庭在储蓄存款占比上没有太大差别。

11. 户主性别对家庭金融资产结构的影响

相比于女性户主，男性户主家庭在 10% 的显著性水平上增加家庭风险性金融资产比重约 4.7%；户主性别对股票和储蓄存款比重没有显著影响。

12. 户主婚姻状况对家庭金融资产结构的影响

户主婚姻状况对城镇居民家庭风险性金融资产总量、储蓄存款量和股票持有量有不同程度的正向影响。相比于未婚家庭，已婚家庭在 5% 的显著性水平上增加股票占比约 10.9%。户主婚姻状况对风险性金融资产占比和储蓄存款占比没有影响。

13. 户主政治面貌对家庭金融资产结构的影响

相比于非党员的户主家庭，户主为党员的家庭在 1% 的显著性水平上增加储蓄存款的比重约为 6.2%，是否党员对家庭风险性金融资产比重和股票比重没有影响。

14. 不同地域对家庭金融资产结构的影响

区域变量（$region$）对风险性金融资产占比和储蓄存款占比有显著影响，但对家庭股票占比没有影响。具体来看：相比于西部地区的家庭（$region_3$），东部地区的城镇居民家庭（$region_1$）在 5% 的显著性水平上增加风险性金融资产占比约 8%；在 1% 的显著性水平上增加储蓄存款占比约 8.4%。相比于西部地区的家庭（$region_3$），中部地区的城镇居民家庭（$region_2$）在 5% 的显著水平上增加约 9% 的风险性金融资产占比；在 1% 的显著性水平上增加约 17% 的储蓄存款占比。

6.3.2 估计结果的稳健性检验

为了检验家庭金融资产配置结构模型的估计结果是否稳健，我们用 CHFS 2013 年的调查数据重新对配置结构模型进行了估计，估计结果见表 6.13。表 6.13 显示，家庭风险性金融资产占比、股票占比和储蓄存款占比的估计结果与表 6.12 基本一致，即家庭特征变量、户主特征变量和区域变量对家庭金融资产配置结构有稳定的影响，研究结论具有稳健性。

表 6.13 城镇居民家庭金融资产结构模型估计结果的稳健性检验

解释变量	Tobit 模型		Tobit 模型		Tobit 模型	
	风险性金融资产占比		股票占比		储蓄存款占比	
	（1）		（2）		（3）	
	系数	标准差	系数	标准差	系数	标准差
收入	0.086 ***	0.008	0.044 ***	0.010	0.053 ***	0.006
收入平方	−0.000 ***	0.000	−0.000 ***	0.000	−0.000 ***	0.000
总资产	0.015 ***	0.001	0.012 ***	0.001	0.004 ***	0.001
总资产平方	−0.000 ***	0.000	−0.000 ***	0.000	−0.000 ***	0.000
房产占比	−0.168 ***	0.018	−0.093 ***	0.022	−0.110 ***	0.012
从事工商业	−2.200	1.987	−16.560 ***	2.685	1.609	1.271
商业保险	26.737 ***	1.525	22.061 ***	1.845	8.573 ***	1.016
家庭规模	−4.577 ***	0.588	−3.957 ***	0.720	−1.958 ***	0.362
45 周岁以下	6.241 ***	2.122	−13.792 ***	2.616	0.458	1.318
45~60 岁	1.806	1.975	−3.607	2.349	−5.924 ***	1.252
本科及以上	24.289 ***	2.390	34.895 ***	2.915	12.945 ***	1.503
专科	29.077 ***	2.297	37.637 ***	2.828	13.041 ***	1.469
高中	20.417 ***	1.798	29.232 ***	2.255	12.432 ***	1.141
身体健康	2.567	1.655	−3.338	2.034	4.074 ***	1.067
一般健康	3.518 *	1.876	0.292	2.270	3.036 **	1.231
风险偏好	29.682 ***	2.020	38.034 ***	2.459	−5.311 ***	1.417

表6.13(续)

解释变量	Tobit 模型 风险性金融资产占比 (1)		Tobit 模型 股票占比 (2)		Tobit 模型 储蓄存款占比 (3)	
	系数	标准差	系数	标准差	系数	标准差
风险中性	15.011***	1.701	16.749***	2.080	5.612***	1.084
户主性别	−2.850*	1.566	−5.166***	1.881	2.198**	1.027
户主婚姻	7.802***	2.166	14.256***	2.815	7.348***	1.380
是否党员	6.006***	1.798	0.290	2.135	8.070***	1.147
东部	8.026***	1.956	12.446***	2.435	5.962***	1.235
中部	0.175	2.192	−1.121	2.832	−2.428*	1.381
N	18 530		18 530		18 530	
N_lc	14 599		16 720		6 498	
N_unc	3 931		1 810		12 032	
Pseudo R^2	0.058		0.072		0.009	

注：*、**、***分别表示在10%、5%、1%的统计水平上显著。系数为边际效应，在Tobit模型中自变量对应变量的边际影响应当为边际系数乘以观测样本未被截取的概率。例如，某变量的估计系数为β，那么该变量的边际影响应当为$\beta \times P(Z)$；其中，$P(Z)$表示观测样本未被截取的概率，即未被截取的样本数除以全部样本数，本表中的估计系数已经进行了这种处理。

7 中国城镇居民家庭金融资产选择的特点: 社会网络与家庭金融资产选择

　　根据 2013 年的中国家庭金融调查数据，我国东部、中部、西部家庭参与正规金融市场的比例分别为 31%、26%、7%，参与股票市场的比例分别为 17%、16%、4%，风险资产持有量的均值分别为 12%、9%、3%，股票资产持有量的均值分别为 4%、4%、1%。投资风险性金融市场尤其是股票市场，已经逐渐成为中国家庭参与金融活动、跨期配置家庭资产的一个重要途径（郭士祺等，2014）。家庭对风险性金融市场，特别是股票市场的参与广度和深度，能够从家庭微观层面反映金融市场的发展状况。与此同时，已有研究证实，社会网络可以通过降低交易成本、降低信息成本、缓解流动性约束来促进家庭参与金融市场（Guiso et al，1996）。值得注意的是，尽管已有研究中对社会网络、家庭金融市场参与和金融资产配置方面的文献较多，但是针对社会网络与家庭参与正规金融市场广度和深度的关系，及其影响机制的文献还不多，少量的研究也主要是从信任、信息、社区互动的角度来看，且很少考虑社会网络的内生性问题。因而，本章将考虑我国经济、社会和文化的特点，利用中国家庭金融调查 2011 年和 2013 年的调查数据，探究社会网络与家庭参与正规金融市场尤其是股票市场的关系。一方面可以从家庭微观层面检验金融市场的发展状况；另一方面，在中国国情下，考虑社会网络这一特殊因素对家庭参与金融市场广度和深度的影响，是对已有文献的重要补充和完善，具有重要的现实意义和政策意义。

本章主要包括 3 个部分的内容：①首先对社会网络的度量进行说明，并定义正规风险性金融资产的含义，在此基础上，对社会网络和家庭风险性资产进行描述性统计；②构建社会网络与家庭金融资产选择的关系；③实证分析社会网络对家庭金融资产选择的影响，并对估计结果进行稳健性检验；构建影响机制模型，检验社会网络影响家庭金融资产配置的可能渠道。

7.1 社会网络与家庭风险性金融资产的统计描述

7.1.1 社会网络与家庭风险性金融资产的度量

1. 社会网络的度量

社会资本是基于社会关系、网络和社团的制度和组织，这些社会关系、网络和社团可以产生出共享知识、相互信任、社会规范以及不成文规则。Putnam 等认为，根据社会资本包含的核心内容，它还可以被定义为"社会组织的特征，诸如信任、规范以及网络，它们能够通过促进合作来提高社会的效率"。社会资本已经成为自然资本、物质资本和人力资本的必要补充，是家庭不可缺少的资源。美国社会学家 Lin（1999）则将其定义为社会结构中通过行动而获取的一种资源。

在国内，一些学者将社会资本定义为两个以上个体或组织在相互作用中建立社会网络关系以获得稀缺的资源（顾新 等，

2003），一些学者则认为社会资本涵盖了社会网络、社会关系，以及隐藏于社会结构中的资源、信用、规范、制度、道德等大的范畴（陈柳钦，2007）。借鉴赵剑治、陆铭（2009）的做法，本书重点研究社会资本中最重要的表现形式——社会网络。

社会网络难以直接观察和测量，因此必须选取合适的代理变量进行实证研究。目前，社会网络的测度指标主要有：

社区层面的，如社团活动参与度及社团威望，与邻居互动（熟识、拜访邻居），去教堂的频率，等等。

家庭层面的，如礼金支出、礼金收入、礼金往来和通信费用（黄倩，2014）；节假日和红白喜事方面的现金或非现金收支总和（张博 等，2015）；家庭春节和婚丧嫁娶支出占日常支出比重的人情支出比（赵剑治 等，2009）；节庆日家庭礼金支出占收入的比重（曹扬，2015）；亲朋好友数量，如春节期间拜年总人数（李涛，2006）；家庭在政府和城里工作的关系密切的亲友数（赵剑治 等，2009）；户主的兄弟姐妹的数量（曹扬，2015）。

其他测度指标，如通过"面子机制"原理成为宴席主人、客人或陪吃的频率（边燕杰，2004），是否本市户口（曹扬，2015），农民工找工作的方式（政府组织、民间团体、亲友介绍、自发寻找）来分别度量社区网络和家庭网络（章元 等，2008）；张爽等（2007）用每个家庭在医院、学校、政府三部门加总的亲友数量来度量家庭层面的社会网络，用每个村在排除了本家庭之外的其他样本家庭的平均亲友数量来度量社区层面的社会网络。

这些测量社会网络的方法角度新颖，很好地考虑了可能存在的内生性问题，但有些方法计算量大且复杂，有些用单纯的数量型指标表示，有些用单纯的比率表示，尚欠妥当。中国家庭的社会网络主要基于亲友邻里关系，而亲友邻里之间互动的重要方式是节假日、红白喜事的礼金往来。

因此，基于所获得的调查数据和对已有相关文献的梳理，本章借鉴马光荣和杨恩燕（2011）、杨汝岱（2011）、黄倩（2014）的方法，选取家庭礼金支出作为社会网络的代理变量。一方面，礼金支出的多少能够体现家庭社会网络的规模、社会网络的紧密程度及社会网络的支持能力；另一方面，家庭的礼金支出可以看作是家庭对社会网络的投资和维持。另外，礼金支出包括节假日礼金支出和红白喜事礼金支出的综合，较好地覆盖了人情社会下家庭构建关系网络的主要途径。因此，我们将使用家庭礼金支出的总额作为社会网络的代理变量。关于社会网络的具体度量，在调查问卷中，会询问"去年，给非家庭成员的现金或非现金中，下列各项各有多少钱，如果是非现金支出，请换算成现金"，其中共有五项需要回答：①春节、中秋节等节假日支出（包括压岁钱）；②红白喜事（包括做寿、庆生等）；③教育、医疗、生活费支出；④除上述各项外的其他支出。我们选择的礼金支出总和为①和②的相加。

2. 家庭风险性金融资产的度量

根据 CHFS 的问卷设计，家庭金融资产被分为无风险性金融资产和风险性金融资产两部分，前者包括现金、活期存款、定期存款以及各类账户（社保账户、年金账户、医保账户和公积金账户）余额；后者包括理财产品（银行理财产品和其他理财产品）、股票、基金、债券、金融衍生品、贵金属、非人民币资产、借出款。

本章进一步将家庭风险性金融资产区分为非正规风险性金融

179

资产和正规风险性金融资产。其中，非正规风险性金融资产主要是指民间借出款；正规风险性金融资产是指股票、金融债券、企业债券、基金、金融衍生品、金融理财品、外汇和黄金。本章基于以上定义，从参与广度和参与深度两个方面分析家庭对风险性金融资产的配置状况，具体来看：参与广度是指家庭是否参与风险性金融市场；参与深度是指家庭对风险性金融资产的持有数量。解释变量的具体赋值见表 7.1。其他控制变量的赋值与第 4 章中的变量一致，没有在此列出。

表 7.1　变量定义

变量类型	变量名称	变量含义	变量赋值说明
被解释变量	p^{frisk}	是否参与正规风险性金融市场	参与，赋值为 1；不参与，赋值为 0
	p^{stock}	是否参与股票市场	参与，赋值为 1；不参与，赋值为 0
	$fassets^{risk}$	正规风险性金融资产数量	正规风险性金融资产市值
	$fassets^{stock}$	股票数量	股票总市值
解释变量	social	社会网络	节假日礼金支出与红白喜事礼金支出的总和
			同表 4.10

7.1.2　社会网络与家庭风险性金融资产的描述性统计

表 7.2 详细给出了因变量和核心变量的描述性统计结果。根

据表 7.2，2011 年和 2013 年分别有约 19% 和 18% 的家庭参与了正
规风险性金融市场，其中约 14% 和 12% 的家庭进行了股票投资，
而且家庭在股票和正规风险性金融资产上的资金配置不高，家庭
参与风险性金融市场的广度和深度不够。

表 7.2　变量的描述性统计

变量	2011 年调查数据		2013 年调查数据	
	均值	标准差	均值	标准差
参与正规风险性金融市场	0.193	0.394	0.175	0.38
参与股票市场	0.136	0.342	0.116	0.321
正规风险性金融资产数量/千元	17.696	96.493	19.573	120.858
股票持有量/千元	11.464	83.49	9.071	70.662
礼金支出数量/千元	3.662	8.400	3.451	7.703
其他解释变量	同表 4.11		同表 4.11	
样本量/个	4 942		18 532	

表 7.3 以样本家庭礼金支出的均值为门槛值，把城镇居民家
庭分为两组，分别定义为低于样本均值组和高于样本均值组，利
用家庭金融调查 2011 年和 2013 年的数据对风险性金融市场参与
状况进行了分组统计。表 7.3 显示，礼金支出高的家庭无论在风
险性金融市场的参与深度还是参与广度上都高于礼金支出少的家
庭。2011 年的调查数据显示，礼金支出高于平均值的样本中有
30% 的家庭参与正规金融市场，平均持有约 3.5 万元正规金融资
产；约 22% 的家庭参与了股票投资，平均持有约 2.3 万元的股
票。礼金支出低于均值的家庭中，约 15% 的家庭参与正规金融市

场，平均持有约 1 万元的正规金融资产；约 10% 的家庭参与股票市场，平均持有约 0.7 万元的股票。2013 年的调查数据同样显示，社会资本多的家庭无论在风险市场的参与率上还是在风险性金融资产的持有量上都高于社会资本少的家庭。

表 7.3　社会资本与风险性资产的分布

项目	2011 年调查数据			2013 年调查数据		
	礼金支出低于均值	礼金支出高于均值	总体	礼金支出低于均值	礼金支出高于均值	总体
参与风险性金融市场	0.223	0.435	0.286	0.221	0.403	0.274
参与正规金融市场	0.147	0.300	0.193	0.139	0.261	0.175
参与非正规金融市场	0.105	0.208	0.136	0.107	0.220	0.140
参与股票市场	0.101	0.215	0.136	0.092	0.174	0.116
风险性金融资产数量/千元	14.528	44.762	23.589	15.027	51.202	25.677
正规金融资产数量/千元	10.408	34.728	17.696	12.146	37.374	19.573
非正规金融资产数量/千元	4.121	10.034	5.893	2.881	13.828	6.104
股票数量/千元	6.612	22.803	11.464	5.729	17.082	9.071
样本量/个	1 481	3 461	4 942	5 456	13 076	18 532

注：表中数据全部为对应变量的均值。

7.2　社会网络与家庭金融资产选择关系的模型构建

为了考察社会网络对家庭金融市场参与的影响及影响机制，本书借鉴 Cocco（2004）、Guiso 和 Paiella（2004）、Shum 和 Faig（2006）、Gusio（2008）、Cardik 和 Wilkins（2009）、吴卫星

（2006）、吴卫星（2007）、何兴强等（2009）、李涛（2006）、李涛（2009）的做法，首先采用离散选择 Probit 模型来分析社会网络对家庭正规金融市场和股票市场参与的影响，然后用 Tobit 模型分析社会网络对家庭风险资产和股票持有数量的影响。为了识别社会资本影响家庭金融资产选择的渠道，我们还构建了影响机制模型进行相应的检验。

7.2.1 社会网络与家庭金融市场参与关系的模型

由于因变量正规风险性金融市场和股票市场的参与变量都为二分类变量，因此这里建立 probit 模型，采用的计量分析模型如下：

$$Pro(p_i^f = 1) = \beta_0 + \beta_1 \mathrm{lnsocial}_i + \beta_2 \mathrm{lnincome}_i + \beta_3 \mathrm{lnwealth}_i +$$

$$\beta_4 house_i + \beta_5 business_i + \beta_6 insurance_i + \beta_7 fscale_i +$$

$$\sum_{j=1}^{2} \beta_{8j} age_{ji} + \sum_{j=1}^{3} \beta_{9j} education_{ji} + \sum_{j=1}^{2} \beta_{10j} health_{ji} +$$

$$\sum_{j=1}^{2} \beta_{11j} riskatt_{ji} + \beta_{12} gender_i + \beta_{13} married_i + \beta_{14} party_i +$$

$$\sum_{j=1}^{2} \beta_{15j} region_{ji} + \varepsilon_i$$

其中，p_i^f 表示家庭是否持有 f 类金融资产，本书以此来衡量家庭参与 f 类金融市场的意愿，$f=$（$frisk$，$stock$）。p_i^{frisk} 和 p_i^{stock} 分别表示家庭是否参与正规风险性金融市场和股票市场的虚拟变量。$social_i$ 为衡量家庭社会资本的变量。β_0 是常数项，β_1、β_2、β_3、β_4、β_5、β_6、β_7、β_{8j}、β_{9j}、β_{10j}、β_{11j}、β_{12}、β_{13}、β_{14}、β_{15j} 分别为对应解释变量的系数，ε_i 是随机误差项。

7.2.2　社会网络与家庭金融资产持有量关系的模型

社会网络不但会对家庭是否参与金融市场产生影响，还可能会影响家庭参与金融市场的深度，即对家庭在风险资产上的配置比例产生影响（尹志超 等，2015）。下面构建模型研究社会网络对家庭金融资产配置的影响。

家庭风险性金融资产持有量和股票持有量均为"截断数据"，因此这里借鉴第 5 章的方法，构建 Tobit 模型进行实证分析，对该模型估计方法的介绍参见第 5 章的相关论述。本章在前文分析的基础上，建立社会资本与家庭金融资产选择关系的模型。

$$
\begin{cases}
\begin{aligned}
\ln fassets_i^m = {} & \beta_0 + \beta_1 \ln social_i + \beta_2 \ln income_i + \beta_3 \ln wealth_i + \\
& \beta_4 house_i + \beta_5 business_i + \beta_6 insurance_i + \beta_7 facale_i + \\
& \sum_{j=1}^{2} \beta_{8j} age_{ji} + \sum_{j=1}^{3} \beta_{9j} education_{ji} + \sum_{j=1}^{2} \beta_{10j} health_{ji} + \sum_{j=1}^{2} \beta_{11j} riskatt_{ji} + \\
& \beta_{12} gender_i + \beta_{13} married_i + \beta_{14} party_i + \sum_{j=1}^{2} \beta_{15j} region_{ji} + \varepsilon_i \quad \text{若 } RHS > 0
\end{aligned} \\
fassets_i^m = 0 \quad \text{若 } RHS < 0
\end{cases}
$$

其中，被解释变量 $fassets_i^m$ 分别表示家庭拥有第 m 类金融资产的数量，其中 $m=$（$frisk$，$stock$）。$fassets_i^{frisk}$ 表示家庭正规金融资产的持有量，$fassets_i^{stock}$ 表示家庭持有股票的数量，$social_i$ 为衡量家庭社会资本的变量。β_0 是常数项，β_1、β_2、β_3、β_4、β_5、β_6、β_7、β_{8j}、β_{9j}、β_{10j}、β_{11j}、β_{12}、β_{13}、β_{14}、β_{15j} 分别为对应解释变量的系数，ε_i 是随机误差项。

7.2.3　内生性讨论

本章关注的核心变量社会网络可能是内生的，内生性来自两个方面：一方面，社会网络与家庭金融资产选择可能存在双向因果关系，购买金融资产的家庭为了获取更多的市场信息，可能会扩大社会网络获得更多的信息来源，进而参与更多的社会交际活动，导致家庭的礼金往来较大；另一方面，问题可能是由遗漏变量引起的，社会网络和家庭金融市场参与、家庭风险资产选择可能会同时受到其他因素的影响，比如当地的文化背景、风俗习惯、家庭自身的传统和偏好等，而这些变量又是不可观测的，最终成为遗漏变量进入随机误差项目。如果内生性问题存在，那么直接进行估计的结果将导致参数估计量的不一致和有偏，实证结果的可信性将被质疑。为了解决可能存在的内生性问题，我们选取工具变量进行两阶段最小二乘估计（2SLS）。

本章借鉴陆铭等（2007）、杨汝岱等（2011）和曹倩（2014）等的研究，采用社区层面的加总变量作为家庭层面的工具变量，并在已有研究基础上做了改进。具体来看，我们采用除了自己家庭以外的社区内其他样本家庭的平均礼金支出作为家庭礼金支出的工具变量。这种处理方法，避免了家庭礼金支出对社区平均礼金支出的影响（杨汝岱等，2011），使得工具变量的外生性更加可靠。本章使用社区内除本家庭以外其他家庭礼金支出的平均数作为社会网络的工具变量。由于"物以类聚"的特点，该工具变量在一定程度上反映了社区的礼金支出习惯，将影响到家庭的礼金支出，但并不直接对家庭是否参与风险性金融市场和股票市场产生影响。由于该工具变量扣除了自己家庭的礼金支出，反映的是除本家庭以外的社区平均礼金支出，因此与不可观测的家庭自身传统、偏好、财富等遗漏变量无关。

7.3 社会网络影响家庭金融资产选择的机制分析

已有研究发现，社会资本可以缓解家庭受到的正规信贷约束与非正规信贷约束（徐丽鹤 等，2017；孙永苑 等，2016），并能通过信贷渠道影响家庭对金融资产的选择（黄倩，2014）。本书认为，除了信贷渠道，社会资本至少还可以通过信息渠道和影响主观风险态度这两种机制对正规金融资产市场和股市的参与广度和深度产生影响。下面将建立影响机制模型，检验社会资本能否通过这两个渠道影响家庭参与正规风险性金融资产和股票市场的决策。

7.3.1 金融信息获取渠道

获取经济金融信息的能力对家庭参与金融市场有十分重要的影响，对经济金融信息的关注度的提高有助于家庭参与金融市场（Rooij et al.，2011；尹志超 等，2014），代表了一种信息渠道和获取信息的能力（朱光伟 等，2014）。本部分内容将验证社会网络能否通过金融信息获取渠道对家庭对正规风险性金融市场和股市的参与产生影响。

金融和经济信息包括公共信息和内部信息两类：前者是已经向社会公布，任何人都可以获得的信息；后者是公司或团体内部还没有公开的信息。一方面，社会网络是一种信息渠道，社会网络好的家庭获得信息更加容易，信息成本的降低使得家庭倾向于参与股市等正规风险性金融市场；另一方面，社会网络资源反映了家庭的社会活跃程度。社会网络越广，社会活跃程度越高，社会交往面越广，那么接触到参与风险性金融市场和股市投资者的概率就会越大，受到影响的可能性也就越大。社会网络内的口耳相传、口头交流、观测性学习、公共信息的交换等方式促进家庭参与股票市场。社会网络内其他人的参与度所带来的"示范群体效应"（Durlauf，2004）和外部性也会促使家庭更多持有股票资产（Hong et al.，2001）。李涛（2006）基于"社会互动论"和"信任论"研究了社会互动、信任与股市参与的关系。

因此，我们的一个推论是，社会网络可以降低由于缺乏经济金融信息而不参与股市的可能性。这是影响机制分析要印证的结论，印证了这一结论也就验证了社会网络的信息渠道作用。

中国家庭金融调查 2013 年的问卷在金融知识模块会询问受访者"您平时对经济、金融方面的信息关注度如何?"，待选项有5 个：①非常关注；②很关注；③一般；④很少关注；⑤从不关注。本书根据户主对这一问题的回答，构建金融信息变量，如果选择⑤从不关注，则 $p_i^{infomation}$ 取值为 1，否则为 0。本书建立以下模型，验证社会资本能否显著影响家庭对经济金融信息的忽略程度。

$$Pro(p_i^{infomation} = 1) = \beta_0 + \sum_{k=2}^{3} \beta_{1k} social_i^k + \beta_2 lnincome_i +$$

$$\beta_3 lnwealth_i + \beta_4 house_i + \beta_5 business_i + \beta_6 insurance_i +$$

$$\beta_7 fscale_i + \sum_{j=1}^{2} \beta_{8j} age_{ji} + \sum_{j=1}^{3} \beta_{9j} education_{ji} + \sum_{j=1}^{2} \beta_{10j} health_{ji} +$$

$$\sum_{j=1}^{2} \beta_{11j} riskatt_{ji} + \beta_{12} gender_i + + \beta_{13} married_i + \beta_{14} party_i +$$

$$\sum_{j=1}^{2} \beta_{15j} region_{ji} + \varepsilon_i$$

其中，$p_i^{infomation}$ 表示家庭是否从不关注经济金融信息的虚拟变量，如果从不关注取值为 1，否则为 0。$social_i^k$ 为衡量社会资本分层的变量，根据家庭社会资本的分位数来定义不同层次，分别选取 25% 和 75% 分位数作为门槛值，把样本家庭分为 3 层：第 1 层为处于 25% 分位数以下的家庭，这些家庭的社会网络处于相对贫乏的状态；第 2 层为 25% 分位数以上和 75% 分位数以下的家庭；第 3 层为 75% 分位数以上的家庭。如果家庭 i 的社会网络水平处于第 k 层，$social_i^k$ 定义为 1，否则为 0。n 为分层个数，$n=1$，2，3。在实证分析部分，把处于第 1 层的家庭 $social_i^k$ 作为参照系，检验社会网络对家庭金融资产选择的作用机制。β_0 是常数项，β_{1k}、β_2、β_3、β_4、β_5、β_6、β_7、β_{8j}、β_{9j}、β_{10j}、β_{11j}、β_{12}、β_{13}、β_{14}、β_{15j} 分别为对应解释变量的系数，ε_i 是随机误差项。

7.3.2 主观风险态度渠道

长期以来，经济学家和社会学家一直关注发展中国家的家庭是如何应对负向风险冲击的。但是，在发展中国家，现代社会保障体系、正式信贷市场以及保险市场严重缺失或不完善的现象普遍存在，导致正规风险应对机制的作用十分有限，家庭在遭遇不利冲击后的风险应对能力，很大程度上依赖于非正式的风险应对机制（Coate et al.，1993；王阳 等，2010），而非正式保险机制又取决于受到冲击的家庭所在的家族与社区的社会资本（Faf-champs，2006）。Lin（1999）认为，社会资本不同于传统的资本概念，最显著的差别在于它是一种非正式制度，是行动者在行动中获取和使用的嵌入在社会网络中的资源。Durlauf 和 Fafchamps（2005）等的研究发现，在正式制度（最优解）缺失时，社会资本就会成为替代性的次优，但随着正式制度的完善，对社会资本的依赖就会减少（Kranton，1996）。

　　处于转型期的中国家庭面临多个领域的不确定性，为应对各种风险冲击的不利影响，家庭可以借助正规风险机制和非正规风险机制缓冲负向的风险冲击。在正式信贷市场和保险市场等正规风险应对机制无法有效发挥作用的背景下，各种基于社会资本特别是社会网络的非正式风险分担安排相当普遍，并成为家庭应对风险冲击的重要工具。王铭铭与 Yan 对中国农村的田野调查表明，农户社会资本是重要的非正式保险机制，具有重要的风险分担作用。张爽等学者利用来自中国农村数据的经验研究同样发现，农户社会资本能够通过抵消家庭成员所承受的负向冲击，间接降低贫困脆弱性。

　　因此，可以提出以下假设，社会资本可以为投资金融资产提供缓冲机制，在家庭金融资产决策过程中扮演"风险缓冲器"的角色。拥有丰富社会资本和广泛社会网络的家庭，即使遭遇了金融投资损失，也可以求助于社会网络里的其他成员以获得帮助（Weber et al.，1999），社会资本的"兜底作用"可以使家庭在选择风险性金融资产时更加开放，对提高家庭参与风险性金融市场的广度和深度有积极作用。

　　CHFS 调查问卷在受访者的主观态度模块会询问被访者"如果您有一笔钱，您愿意选择哪种投资项目？"，对这一问题的回答共有 5 个选项：①高风险，高回报项目；②略高风险，略高回报的项目；③平均风险，平均回报的项目；④略低风险，略低回报的项目；⑤不愿意承担任何风险。本书根据户主对这一问题的回答，构建主观风险厌恶变量，如果选择⑤不愿意承担任何风险，则取值为1，否则为0。以下模型将验证社会资本的提高是否会显著地降低不愿承担任何风险的可能性。本书建立以下模型，验证社会资本能否显著影响主观风险态度。

$$Pro(p_i^{attitude} = 1) = \beta_0 + \sum_{k=2}^{3} \beta_{1k} social_i^k + \beta_2 lnincome_i +$$

$$\beta_3 lnwealth_i + \beta_4 house_i + \beta_5 business_i + \beta_6 insurance_i +$$

$$\beta_7 fscale_i + \sum_{j=1}^{2} \beta_{8j} age_{ji} + \sum_{j=1}^{3} \beta_{9j} education_{ji} + \sum_{j=1}^{2} \beta_{10j} health_{ji} +$$

$$\sum_{j=1}^{2} \beta_{11j} riskatt_{ji} + \beta_{12} gender_i + \beta_{13} married_i + \beta_{14} party_i +$$

$$\sum_{j=1}^{2} \beta_{15j} region_{ji} + \varepsilon_i$$

其中，$p_i^{attitude}$ 表示户主主观风险态度的虚拟变量，如果户主从不投资风险资产则取值为1，否则为0。其他变量和系数的定义与上文相同。

7.4 实证结果

7.4.1 模型估计结果与分析

表7.4给出了社会网络对家庭参与风险性金融市场影响的估计结果。第（1）列和第（2）列是在没有考虑内生性的情况下，基于 Probit 模型的估计结果；第（3）列和第（4）列是在考虑社会资本的内生性的情况下，引入工具变量（Ⅳ）进行两阶段最小二乘法（2SLS）的估计结果（ⅣProbit 模型）。

表 7.4　家庭风险性金融市场参与广度模型的估计结果

解释变量	Probit		IVProbit	
	（1）	（2）	（3）	（4）
	正规风险性 金融市场	股票市场	正规风险性 金融市场	股票市场
礼金支出的对数	0.001 *** （0.000）	0.001 ** （0.000）	0.058 *** （0.020）	0.058 ** （0.023）
收入的对数	0.025 *** （0.003）	0.016 *** （0.002）	0.101 *** （0.017）	0.078 *** （0.019）
资产的对数	0.060 *** （0.002）	0.043 *** （0.002）	0.278 *** （0.017）	0.248 *** （0.019）
房产占比	-0.001 *** （0.000）	-0.001 *** （0.000）	-0.004 *** （0.000）	-0.003 *** （0.000）
从事工商业	-0.078 *** （0.008）	-0.063 *** （0.007）	-0.412 *** （0.039）	-0.425 *** （0.044）
购买商业保险	0.089 *** （0.005）	0.061 *** （0.005）	0.394 *** （0.036）	0.339 *** （0.040）
家庭规模	-0.018 *** （0.002）	-0.013 *** （0.002）	-0.079 *** （0.012）	-0.073 *** （0.014）
45 周岁以下	-0.016 ** （0.007）	-0.021 *** （0.006）	-0.133 *** （0.043）	-0.190 *** （0.048）
45～60 岁	-0.001 （0.007）	-0.005 （0.006）	-0.030 （0.037）	-0.061 （0.041）
本科及以上	0.109 *** （0.008）	0.078 *** （0.007）	0.561 *** （0.043）	0.515 *** （0.048）
专科（高职）	0.109 *** （0.008）	0.089 *** （0.007）	0.537 *** （0.042）	0.563 *** （0.046）
高中（职高或中专）	0.078 *** （0.006）	0.069 *** （0.006）	0.395 *** （0.033）	0.445 *** （0.037）
身体健康	-0.022 *** （0.006）	-0.017 *** （0.005）	-0.123 *** （0.031）	-0.119 *** （0.034）

表7.4(续)

解释变量	Probit		IVProbit	
	（1）	（2）	（3）	（4）
	正规风险性金融市场	股票市场	正规风险性金融市场	股票市场
一般健康	−0.003 （0.007）	−0.003 （0.006）	−0.032 （0.035）	−0.033 （0.039）
风险偏好	0.048*** （0.008）	0.048*** （0.006）	0.246*** （0.040）	0.316*** （0.043）
风险厌恶	−0.049*** （0.006）	−0.046*** （0.005）	−0.241*** （0.031）	−0.289*** （0.034）
户主性别	−0.020*** （0.006）	−0.007 （0.005）	−0.117*** （0.029）	−0.063* （0.032）
户主婚姻	0.022*** （0.008）	0.023*** （0.007）	0.014 （0.055）	0.053 （0.062）
是否党员	0.007 （0.006）	−0.001 （0.005）	0.006 （0.034）	−0.036 （0.037）
东部	0.033*** （0.007）	0.027*** （0.006）	0.214*** （0.040）	0.221*** （0.045）
中部	0.002 （0.008）	−0.000 （0.007）	0.005 （0.040）	−0.009 （0.046）
N	18 530	18 530	18 530	18 530
Pseudo R^2	0.234	0.219	—	—
内生性检验	—	—	6.521 （0.011）	5.507 （0.019）
弱工具变量检验	—	—	8.06 （0.004 5）	6.42 （0.011 3）
第一阶段 F 统计量	—	—	83.03***	83.03***

注：括号报告的是稳健标准误，系数为边际效应。*、**、***分别表示在10%、5%、1%的统计水平上显著。IVProbit 第一阶段的估计结果因篇幅原因未做报告；第一阶段估计结果显示，工具变量与内生变量显著相关。

　　表7.4中第（1）列和第（2）列的估计结果显示，礼金支出对家庭参与正规风险性金融市场和股票的边际效应（marginal effect）为0.001，即礼金支出每增加1%，家庭参与正规风险性金融市场和股票市场的概率会增加0.1%。家庭礼金支出越多，家庭参与风险性金融市场的概率也就越高。

　　表7.4中第（3）列和第（4）列考虑了礼金支出可能存在的内生性问题，用社区家庭平均的礼金支出（不包括自己家）作为家庭礼金支出的工具变量，是基于IVProbit模型对社会网络与家庭参与正规风险性金融市场和股票市场的关系，进行了两阶段最小二乘（TSLS）得到的估计结果。表中第（3）列和第（4）列的倒数第3行报告了内生性检验的结果，Wald检验的值分别为6.521和5.507，p值分别为0.011和0.019，都在5%的水平上拒绝了礼金支出变量为外生变量的原假设，因此礼金支出是内生的。倒数第2行是对弱工具变量的检验结果，我们采用Finlay和Magnusson（2009）提供的检验方法，卡方值分别为8.06和6.42，p值分别为0.004 5和0.011 3，分别在1%和5%的显著性水平下拒绝了社区平均礼金支出是弱工具变量的原假设。此外，倒数第一行列出了在两阶段估计中第一阶段估计结果的F值，根据Stock和Yogo（2005）提供的检验标准，F值为83.03，大于10%的偏误下的临界值为10，再次表明不存在弱工具变量问题。基于以上分析，我们认为用社区平均礼金支出作为工具变量是合适的。

　　由于内生性问题的存在，这里主要基于第（3）列与第（4）列IVProbit的估计结果进行分析，礼金支出对家庭参与正规风险性金融市场和股票市场的边际效应均为0.058，礼金支出每增加

1%，家庭参与正规风险性金融市场和股票市场的概率提高5.8%，家庭礼金支出对家庭参与正规风险性金融市场和股票市场具有显著的促进作用。值得注意的是，对比（1）、（2）列的估计结果可以发现，如果不考虑社会网络的内生性，直接采用 Probit 模型估计社会网络与金融市场参与的关系，将低估社会网络对家庭参与正规金融市场和股票市场的作用，结果也是有偏的（黄倩，2014；尹志超 等，2015）。因此，选取工具变量进行两阶段 IVProbit 估计十分必要，估计结果也更可信。

表 7.4 中第（3）、（4）列中其他控制变量的估计结果与第 4 章基本一致，具体参考第 4 章 4.4 节实证结果部分，此处不再赘述。家庭风险性金融市场参与深度的估计结果见表 7.5。

表 7.5　家庭风险性金融市场参与深度的估计结果

解释变量	Tobit		IVTobit	
	正规风险性金融资产	股票	正规风险性金融资产	股票
	（1）	（2）	（3）	（4）
礼金支出的对数	0.031*** (0.009)	0.034*** (0.012)	0.277*** (0.089)	0.323*** (0.118)
收入的对数	0.550*** (0.069)	0.430*** (0.081)	0.431*** (0.073)	0.291*** (0.097)
资产的对数	1.593*** (0.053)	1.585*** (0.069)	1.453*** (0.076)	1.419*** (0.102)
房产占比	-0.024*** (0.001)	-0.022*** (0.002)	-0.021*** (0.002)	-0.019*** (0.003)
从事工商业	-1.767*** (0.171)	-2.065*** (0.230)	-1.852*** (0.171)	-2.163*** (0.230)
购买商业保险	1.698*** (0.116)	1.552*** (0.154)	1.417*** (0.159)	1.220*** (0.210)

表7.5(续)

解释变量	Tobit		IVTobit	
	正规风险性金融资产	股票	正规风险性金融资产	股票
	(1)	(2)	(3)	(4)
家庭规模	-0.420*** (0.048)	-0.419*** (0.061)	-0.355*** (0.054)	-0.343*** (0.072)
45周岁以下	-0.770*** (0.166)	-1.096*** (0.221)	-1.011*** (0.187)	-1.375*** (0.248)
45~60岁	-0.235 (0.151)	-0.345* (0.199)	-0.368** (0.160)	-0.500** (0.211)
本科及以上	2.408*** (0.182)	2.529*** (0.244)	2.453*** (0.188)	2.583*** (0.250)
专科（高职）	2.278*** (0.178)	2.562*** (0.236)	2.198*** (0.186)	2.467*** (0.247)
高中（职高或中专）	1.702*** (0.145)	2.179*** (0.191)	1.691*** (0.147)	2.164*** (0.198)
身体健康	-0.320** (0.129)	-0.420** (0.171)	-0.366*** (0.133)	-0.475*** (0.175)
一般健康	-0.112 (0.146)	-0.133 (0.193)	-0.182 (0.152)	-0.217 (0.200)
风险偏好	1.004*** (0.161)	1.655*** (0.204)	1.026*** (0.172)	1.680*** (0.216)
风险厌恶	-1.114*** (0.132)	-1.472*** (0.175)	-1.072*** (0.136)	-1.421*** (0.180)
户主性别	-0.654*** (0.120)	-0.523*** (0.159)	-0.725*** (0.126)	-0.606*** (0.165)
户主婚姻	0.548*** (0.174)	0.791*** (0.235)	0.082 (0.242)	0.244 (0.322)
是否党员	0.110 (0.134)	-0.173 (0.178)	-0.023 (0.146)	-0.328* (0.191)

表7.5(续)

解释变量	Tobit		IVTobit	
	正规风险性 金融资产	股票	正规风险性 金融资产	股票
	(1)	(2)	(3)	(4)
东部	0.684 *** (0.155)	0.870 *** (0.207)	0.903 *** (0.176)	1.129 *** (0.235)
中部	−0.117 (0.179)	−0.105 (0.241)	−0.149 (0.181)	−0.141 (0.244)
N	18 530	18 530	18 530	18 530
N_lc	15 630	16 762	15 630	16 762
N_unc	2 900	1 768	2 900	1 768
Pseudo R^2	0.149	0.138	—	—
内生性检验	—	—	8.025 (0.005)	6.266 (0.012)
弱工具变量检验	—	—	9.62 (0.001 9)	7.47 (0.006 3)
第一阶段 F 统计量	—	—	83.03 ***	83.03 ***

注：括号里报告的是稳健标准误，系数为边际效应。*、**、*** 分别表示在 10%、5%、1%的统计水平上显著。IVTobit 第一阶段的估计结果因篇幅原因未做报告；第一阶段估计结果显示，工具变量与内生变量显著相关。

表7.5 给出了社会网络与家庭持有正规风险性金融资产和股票数量关系的估计结果。第（1）和第（2）列是没有考虑内生性问题，基于 Tobit 模型的回归结果；第（3）和第（4）列是在考虑了内生性的情况下，引入工具变量进行两阶段二阶段最小二乘（2SLS）的估计结果（IVTobit 模型）。

表7.5 中（1）、（2）列的估计结果显示，礼金支出对家庭持有正规风险性金融资产和股票具有显著的正向影响，边际效应分别

为 $0.031 \times$（2 900/18 530）$\times 100\% = 0.4\%$ 和 $0.034 \times$（1 768/18 530）$\times 100\% = 0.3\%$，礼金支出每增加 1%，家庭持有正规风险性金融资产和股票的数量将分别提高 0.4% 和 0.3%。这表明，家庭礼金支出越多，配置在正规风险性金融资产和股票上的数量也会越高。

第（3）列和第（4）列是在考虑了社会资本可能存在的内生性问题后，利用 IVTobit 模型进行两阶段最小二乘的估计结果。表中第（3）列和第（4）列的倒数第 3 行报告了内生性检验的结果，Wald 检验的值分别为 8.025 和 6.266，p 值分别为 0.005 和 0.012，分别在 1% 和 5% 的水平上拒绝了礼金支出变量为外生变量的假设，因此礼金支出是内生的。倒数第 2 行是对弱工具变量的检验结果，同样采用 Finlay 和 Magnusson（2009）提供的检验方法①，卡方值分别为 9.62 和 7.47，p 值分别为 0.001 9 和 0.006 3，都在 1% 的显著性水平下拒绝了弱工具变量的原假设。此外，倒数第 1 行列出了在两阶段估计中第一阶段估计结果的 F 值，根据 Stock 和 Yogo（2005）提供的检验标准，F 值为 83.03，大于 10% 的偏误下的临界值为 10，也表明不存在弱工具变量问题。基于以上分析，我们认为用社区平均礼金支出作为模型的工具变量是合适的。

由于内生性问题的存在，这里主要基于第（3）列与第（4）列 IVTobit 模型的估计结果进行分析，礼金支出对家庭持有正规风险性金融资产和股票的边际效应分别为 $0.277 \times$（2 900/18 530）$\times 100\% = 4.3\%$ 和 $0.323 \times$（1 768/18 530）$\times 100\% = 3.1\%$，即礼金支出每增加 1%，家庭持有正规风险性金融资产和股票的比重分别会增加 4.3% 和 3.1%，礼金支出对家庭投资正规

---

① 该检验方法在 Stata 中的命令为 rivtest，可以在进行 IVProbit 和 IVTobit 模型回归后，进行弱工具变量检验。

风险性金融资产和股票有显著的促进作用。通过对比表 4 中第
（1）、（2）列与第（3）、（4）列的估计结果可以发现，如果不考
虑社会网络的内生性，直接采用 Tobit 模型进行实证分析，将极
大地低估社会网络对正规金融资产和股票的作用。因此，选取工
具变量进行两阶段 IVTobit 估计十分必要，估计结果也更可信。

表 7.5 中第（3）、（4）列中其他控制变量的估计结果与第 5
章基本一致，参见第 5 章 5.4 节实证结果部分，此处省略。

7.4.2　影响机制的估计结果与分析

表 7.6 是主观风险态度变量和家庭金融信息关注度变量在家
庭不同社会资本区间上的描述性统计。本章首先根据礼金支出的
数量把样本家庭由低到高进行排序，分别根据 25%分位数和 75%
分位数把样本分为 3 组，进而统计风险态度和金融信息关注度在
3 组样本中的差别。表 7.6 显示，随着家庭礼金支出的增加，不
愿承担任何风险的家庭比重明显下降，从不关注经济和金融信息
的家庭占比也逐渐减少。我们可以初步认为，社会资本对家庭主
观态度和金融信息关注度有显著的影响。

表 7.6　影响机制的描述性统计

礼金支出分位数	样本量/个	不愿承担任何风险	从不关注经济和金融信息
0~25%	4 651	0.570	0.423
>25%~75%	9 285	0.494	0.302
>75%~100%	4 596	0.399	0.217
总体	18 532	0.490	0.311

表 7.7 给出了两种影响机制的估计结果，第（1）列是对风

险主观态度渠道进行估计的结果。具体来看：与礼金支出处于 0
~25%的居民家庭相比，家庭礼金支出处于 25%（不含）~75%
的家庭在 10%的水平上更愿意承担风险，边际效应为-0.015。也
就是说，礼金支出位于 25%~75%阶层的家庭比 0~25%阶层的家
庭在不愿意承担任何风险上的概率低 1.5%。同样，与礼金支出
处于 0~25%的居民家庭相比，家庭礼金支出处于 75%（不含）~
100%的家庭在 1%的水平更愿意承担风险，边际效应为-0.035。
也就是说，礼金支出位于 75%（不含）~100%阶层的家庭比 0~
25%阶层的家庭在不愿意承担任何风险上的概率低 3.5%。综合
起来看，随着家庭礼金支出的增加，家庭更愿意承担风险。

本章 7.4.1 节的实证结果表明，投资风险态度对家庭参与金融
市场有重要影响。风险态度由厌恶型向偏好型转变的过程，能够在
很大程度上促进家庭对股票和正规风险性金融资产的配置。结合本
部分的分析，我们可以认为，社会资本作为一种非正式保险（Faf-
champs et al.，2007；Munshi et al.，2009），社会资本越多的家庭，
分担风险的渠道越多，缓冲风险冲击的能力也越强，他们在金融资
产投资上持有谨慎态度的概率就越小。本部分的实证分析验证了主
观风险态度机制的存在，即社会网络可以通过影响主观风险态度的
渠道对家庭参与股票和正规风险性金融市场产生影响。

表 7.7 中第（2）列是对信息渠道进行估计的结果。具体来
看：与礼金支出处于 0~25%的居民家庭相比，家庭礼金支出处于
25%（不含）~75%的家庭在 1%的水平更关注经济和金融信息，
边际效应为-0.052，也就是说，礼金支出位于 25%（不含）~
75%阶层的家庭比 0~25%阶层的家庭在从不关注经济和金融信息
上的概率低 5.2%。同样，与礼金支出处于 0~25%的居民家庭相

比，家庭礼金支出处于75%（不含）～100%的家庭也在1%的水平上更愿意关注经济和金融信息，边际效应为-0.06，也就是说，礼金支出位于75%（不含）～100%阶层的家庭比0～25%阶层的家庭在从不关注经济和金融信息上的概率低6%。总体上看，随着家庭礼金支出的增加，家庭更愿意关注经济和金融信息。

获取经济金融信息的能力对家庭参与金融市场有十分重要的影响，对经济金融信息的关注度的提高有助于家庭参与金融市场。社会网络代表了一种信息渠道和获取信息的能力（朱光伟 等，2014），社会网络好的家庭获得信息更加容易，信息获取成本的降低会促进家庭更容易接触和关注金融信息。本部分的实证分析验证了信息机制的存在，即社会网络可以通过影响经济金融信息获取的渠道对家庭参与股票和正规风险性金融市场产生影响，社会网络可以降低由于缺乏经济金融信息而未参与股市的可能性。

表 7.7　影响机制的估计结果

解释变量	不愿承担任何风险		从不关注经济和金融信息	
	（1）		（2）	
	边际效应	标准误	边际效应	标准误
25%～75%	-0.015*	0.008	-0.052***	0.008
75%以上	-0.035***	0.010	-0.060***	0.010
其他解释变量	控制		控制	
N	18 530		18 530	
Pseudo R^2	0.128		0.120	

注：表中的标准误为稳健标准误，＊、＊＊、＊＊＊分别表示在10%、5%、1%的统计水平上显著。

7.4.3 估计结果的稳健性检验

为了检验社会资本与正规风险性金融市场参与的关系是否稳健，本章用CHFS 2011年的调查数据进行稳健性检验，估计结果见表7.8。表7.8显示，在考虑内生性的情况下，家庭礼金支出对风险性金融市场和股票市场的参与有显著的正向影响。在参与深度上，礼金支出提高1%，家庭参与正规风险性金融市场的概率将增加约0.19；参与股票市场的概率将提高约0.2。在参与广度上，礼金支出提高1%，家庭持有正规风险性金融市场的数量将增加 0.549×（827/4 942）×100%＝9%；参与股票市场的概率将提高 0.606×（542/4 942）×100%＝6.6%。因此，社会网络对家庭参与风险性金融市场广度和深度都有显著的影响，不但会促进家庭参与正规金融市场的意愿，还会提高家庭在风险资产上的配置数量，研究结论具有稳健性。

表7.8 估计结果的稳健性检验

解释变量	IVProbit		IVTobit	
	（1）	（2）	（3）	（4）
	正规风险性金融市场	股票市场	正规风险性金融资产	股票
礼金支出的对数	0.185 *** (0.068)	0.227 *** (0.078)	0.549 ** (0.240)	0.606 * (0.316)
其他解释变量	控制	控制	控制	控制
N	4 942	4 942	4 942	4 942
N_lc	——	——	4 115	4 400
N_unc			827	542

表7.8(续)

解释变量	IVProbit		IVTobit	
	（1）	（2）	（3）	（4）
	正规风险性金融市场	股票市场	正规风险性金融资产	股票
内生性检验	10.613 （0.001）	13.086 （0.000）	6.159 （0.013）	3.975 （0.046）
弱工具变量检验	7.47 （0.006 3）	8.46 （0.003 6）	5.23 （0.022 2）	3.68 （0.055 2）
第一阶段 F 统计量	29.22***	29.22***	29.22***	29.22***

注：括号报告的是稳健标准误，系数为边际效应。* 、** 、*** 分别表示在 10%、5%、1%的统计水平上显著。

8 结论与政策建议

　　本书采用中国家庭金融调查与研究中心（CHFS）2011 年和 2013 年在全国范围内开展的两轮抽样调查数据，从理论分析和实证检验两个方面全面系统地考察了城镇居民家庭金融市场参与、金融资产持有量和配置结构的特征及影响因素，并立足转型期中国社会文化的特点，实证检验了社会资本与家庭金融资产选择的关系，并建立了机制模型识别可能的影响渠道。本书在微观实证研究中，充分考虑了样本数据的分布特征和内生性问题可能导致的估计偏误，分别选取 Logit 模型、Tobit 模型、IVProbit 模型和 IVTobit 模型对城镇居民家庭金融资产选择行为进行计量经济学分析，并检验估计结果的稳健性。总体上看，本书拓展了家庭金融研究的广度和深度，尤其是补充和完善了已有相关文献在样本数据获取和模型构建上的不足，充实和丰富了家庭金融资产选择领域的研究成果。此外，本书的研究结论和对策建议部分蕴含重要的应用价值，可以为家庭优化经济资源配置提供分类指导，为金融机构有针对性地开发适应市场需求的金融理财产品提供经验依据，为促进国家金融市场改革和发展的政策措施奠定微观基础。

　　本章是全书的总结和对策建议，共包括 3 个部分：首先，将本书理论分析和实证研究的结论归纳在一起，总结本书的研究结论，以便能更直观地回答本书所关注的问题；其次，基于全书的结论提出针对性的对策建议；最后，说明本书研究的不足之处，指出将来家庭金融资产选择领域的研究方向。

8.1 研究结论

1. 我国城镇居民家庭金融资产选择的特征

第4章、第5章和第6章分别对我国城镇居民家庭金融市场参与率、金融资产数量和金融资产结构进行了描述性统计。本书发现：中国家庭的金融资产选择行为不同于欧美国家，在欧美发达国家，金融资产占家庭资产的比重很大，家庭金融资产的金融化程度很高，而且家庭持有风险性金融资产的数量多、比重也比较大，家庭金融资产投资主要通过专业化的中介进行。与欧美发达国家相比，我国家庭金融资产主要以储蓄存款为主，家庭主要持有无风险性金融资产，具体表现为：①城乡居民在家庭金融资产选择上存在系统性差异，城镇家庭在金融市场的参与率、金融资产的持有量和金融资产配置比重上都远高于农村居民家庭；②虽然家庭资产选择呈现出金融化的趋势，但金融资产在总资产中的比例依然非常低，金融化程度低；③家庭金融资产选择有风险化倾向，但风险性金融资产在金融资产中的占比较低，风险化程度低；④储蓄存款是家庭最主要的金融资产，家庭对股市的参与深度和广度都较低；⑤不同财富阶层的家庭在金融资产选择上存在异质性特点。

2. 家庭特征变量对家庭金融资产选择的影响

（1）家庭收入的影响。

家庭可支配收入是家庭进行金融资产投资的基础。一方面，家庭可支配收入是影响家庭金融资产总量的关键因素。根据现代经济学的观点，随着家庭可支配收入的提高，家庭的边际消费倾向降低，而相应的边际储蓄倾向在提高，随着家庭储蓄量的增加，家庭金融资产的总量也在提高；另一方面，家庭可支配收入是家庭金融资产结构变化的基础。伴随家庭可支配收入和家庭财富的增加，家庭的风险态度将发生变化，对不同收益和风险性金融产品的需求也将改变，家庭金融资产的配置将出现多元化的趋势，家庭金融资产结构会随之变动。

本书研究发现：在金融市场参与广度上，收入对家庭参与风险性金融市场、股票市场和储蓄存款市场有显著的正向影响；在金融市场的参与深度上，随着家庭收入的提高，家庭持有金融资产总量、储蓄存款数量和股票的数量也会显著增加；与此同时，收入的提高可以促使家庭显著增加风险性金融资产和储蓄存款的比重，但是对股票占比没有显著影响。这一发现与已有研究基本一致（Guiso et al., 1996；Cardak et al., 2009）。

（2）财富水平的影响。

家庭财富的提高会加强家庭抵御风险的能力，当金融资产的收益偏离预期的时候，家庭的承受能力更强。对于特定风险的金融产品，富裕家庭相比不富裕的家庭更有可能选择高风险高收益的金融产品。此外，家庭财富的增加，尤其是金融财富的增加可以有效分散非系统性的风险，如果家庭金融资产规模很小，可以购置的金融资产种类就会受到限制，或者购置多项金融资产的成本太高，即使家庭有分散风险的愿望，也没有实施分散风险的能力。

本书研究发现：在参与广度上，富裕家庭更多地参与风险性金融市场、股票市场和储蓄存款市场；在参与深度上，随着家庭财富的增加，其持有的金融资产数量、储蓄存款数量和股票数量会显著提高；同时，富裕家庭还会提高风险性金融资产占比、股票占比和储蓄存款占比。

（3）房产占比的影响。

房产对金融资产投资有两个方面的影响（Flavin et al.，2002；Flavin et al.，2011；Cocco et al.，2005）。一方面的影响是替代效应，由于家庭储蓄主要用于两个方面——实物资产投资和金融资产投资，因此，在家庭储蓄既定的情况下，家庭金融资产与房产投资之间存在此消彼长的关系，即房产投资对家庭金融资产投资具有替代效应。另一方面的影响可以视为互补效应。拥有住房的家庭，由于房产可以稳定增值，家庭必然会增加对股票等风险性资产的需求。对于没有自住房，仅靠租房的家庭，未来预期的不确定性要高于拥有房产的家庭，这些家庭在投资风险性金融资产上会更加谨慎。因此，房产投资与风险性金融资产具有互补关系。收入、财富、教育水平高的投资者往往更易选择高系统风险的组合，此类投资者由于风险分散不足而导致的损失绝对金额更大，在家庭金融资产配置中，由于包含其他流动性很低的房产，会对参与风险金融市场产生一定的影响。

本书研究发现：房产占比的提高，不仅显著降低了家庭参与风险性金融市场、股票市场和储蓄存款市场的概率，还减少了家庭对金融资产总量、股票和储蓄存款的持有；与此同时高房产占比还降低了家庭风险性金融资产比重、股票比重和储蓄存款比重。总体上看，房产对金融资产投资的替代效应超过了互补效应，过度的房产投资将抑制家庭对金融市场的参与深度和参与广度。

（4）工商业生产经营的影响。

本书研究发现：从事工商业经营对家庭参与风险性金融市场没有显著影响，对家庭参与股票市场和储蓄存款市场有负向影响。工商业生产经营对家庭持有风险性金融资产和储蓄存款无显著影响，但减少了家庭对股票的持有量，工商业生产经营对家庭风险性金融资产占比和股票占比有显著的负向影响，但对储蓄存款占比的影响不大。这一结论再次证实了，我国也存在私人企业资产挤出家庭参与股市的现象（Heaton et al.，2000；Shum et al.，2006）。

（5）商业保险的影响。

本书研究发现：购买商业保险的家庭更有可能参与风险性金融市场、股票市场和储蓄存款市场，同时会增加对金融资产总量、股票和储蓄存款的投入。商业保险对风险性金融资产总量占比、股票占比和储蓄存款占比同样具有显著的促进作用。我们的研究再次证实，保险保障能够极大地增强家庭参与金融市场的广度和深度（Agnew et al.，2003；Gormley et al.，2010；Atella et al.，2011；周钦 等，2015）。

（6）家庭规模的影响。

家庭规模和结构是影响家庭风险的承受能力的客观因素（Vicki，2015）。随着家庭规模的扩大，尤其是未成年子女数量的增加，家庭的决策者考虑到子女未来的生活费、教育和医疗支出，家庭必须持有一定数量的低风险资产，这时家庭会更厌恶风险，从而倾向于低风险低收益的金融资产。家庭规模的差异将影响家庭的金融资产投资偏好，对家庭现有资源在不同风险性金融资产间的分配产生作用，最终影响家庭金融资产的数量和结构。

本书研究发现：家庭规模对参与风险性金融市场和股票市场没有显著影响，对家庭参与储蓄存款市场有显著的负向影响，家庭人口越多进行储蓄的概率越小。家庭规模对金融资产总量和储蓄存款数量没有显著影响，但是显著降低了家庭对股票的持有量，随着家庭人口增长，家庭会持有更少的股票。家庭规模对家庭风险性金融资产占比和股票占比没有显著影响，但是显著降低了家庭储蓄存款比重。

3. 投资者特征变量对家庭金融资产选择的影响

（1）户主年龄的影响。

根据生命周期假说，理性的经济人会依据一生的收入来安排家庭在各个时期的消费、投资与支出。因此，每个家庭的消费、储蓄和投资将受到户主整个生命周期内所获得的总收入的约束。与生命周期假说类似，持久收入假说认为，家庭消费支出并不取决于其当期的收入，而是由家庭的持久性收入所决定的，即家庭的消费、储蓄与投资是依据对家庭长期收入的预期来进行的（Modigliani，1963）。以上两个假说都表明：各个家庭在某一时点上的消费、储蓄和投资都反映了该家庭谋求在其户主生命周期内获得最大效用的意图，但是该意图要受制于家庭在其户主整个生命周期内所能获得的总收入。

本书研究发现：户主年龄对家庭参与风险性金融市场、股票市场和储蓄存款市场的作用存在差异。在风险性金融市场的参与

上，青年户主家庭的参与概率显著高于老年户主家庭，中年户主
与老年户主家庭没有显著差异。在股票市场的参与上，户主处于
不同年龄段的家庭在参与股票市场上没有差别。在储蓄存款的参
与上，青年户主家庭与老年户主家庭没有显著差别，中年户主家
庭显著低于老年户主家庭。户主年龄对金融资产总量和储蓄存款
有显著的负向影响，对股票持有量没有影响，随着年龄的增加，
家庭会持有更少的金融资产和储蓄存款。户主年龄对风险性金融
资产占比、股票占比和储蓄存款占比有不同影响。老年户主家庭
相比青年户主家庭有更高的风险性金融资产占比，更低的储蓄存
款占比，但两者在股票占比上没有差异。相比于老年户主家庭，
中年户主家庭有较低的储蓄存款比重，但是两者在风险性金融资
产占比和股票占比上没有差异。

（2）户主受教育程度的影响。

受教育程度的提高一方面可以提高家庭收入，从而影响家庭
的风险缓冲能力，最终对家庭金融资产配置产生作用；另一方
面，受教育程度不同，人们对金融资产的认识也会存在差异。相
比于受教育程度低的家庭，受过良好教育的家庭，对不同类型的
金融资产，特别是新型的金融资产的认识和接受更快，从而在化
解非系统性风险方面有更大的选择空间。

本书研究发现：受教育程度对家庭参与风险性金融市场、股
票市场和储蓄存款市场都有显著的促进作用，但是影响幅度存在
差异。随着教育水平的提高，家庭参与风险性金融市场、股票市
场和储蓄存款市场的概率显著提高。受教育程度对家庭持有金融
资产数量、股票数量和储蓄存款数量有显著的正向影响，户主文
化程度越高的家庭，越多地持有金融资产、股票和储蓄存款。受

教育程度对风险性金融资产总量占比、股票占比和储蓄存款占比也有显著的促进作用，受教育水平越高的家庭越会提高风险性金融资产、股票和储蓄存款的配置比重。总体上看，教育水平的提升能够显著增加家庭参与金融市场的广度和深度，这一结论与 Mankiw 和 Zeldes（1991）以及 Campbell（2006）的研究基本一致。

（3）户主健康状况的影响。

本书研究发现：户主健康状况好转对家庭参与风险性金融市场和进行储蓄存款具有显著的促进作用，但是对家庭参与股市没有显著影响。与健康状况不好的家庭相比，健康状况良好的家庭和健康状况一般的家庭更有可能持有风险性金融资产和进行储蓄存款。健康状况对金融资产总量和储蓄存款总量产生显著的提升作用，对股票持有量没有影响。与健康状况不好的家庭相比，健康状况良好的家庭和健康状况一般的家庭更多地投资于风险性金融资产和储蓄存款。健康状况对风险性金融资产占比和储蓄占比有显著的促进作用，对股票占比没有影响。与健康状况不好的家庭相比，健康状况良好和健康状况一般的家庭会更多地配置风险性金融资产和储蓄存款。这一结论与 Berkowitz 和 Qiu（2006）以及 Rosen 和 Wu（2010）的研究基本一致。

（4）主观风险态度的影响。

由于不同类别的金融资产存在不同的收益率和风险水平，家庭在持有金融资产种类与持有数量上的差异主要源于不同家庭在风险偏好上的差别，因此，风险偏好是影响居民家庭金融资产数量选择和结构配置的重要因素。进一步地，影响家庭风险偏好的因素，也会间接作用于家庭金融资产的选择行为。

本书研究发现：户主风险态度对家庭参与风险性金融市场、股票市场和储蓄存款市场有显著的影响。与风险厌恶的家庭相比，风险中性和风险偏好的家庭更有可能参与风险性金融市场、股票市场和储蓄存款市场。户主风险态度对城镇居民家庭金融资产总量、储蓄存款量和股票持有量有显著的影响，与风险厌恶家庭相比，风险中性和风险偏好的家庭更多地持有金融资产、股票和储蓄存款。户主风险态度对城镇居民风险性金融资产占比、股票占比和储蓄存款量占比有不同的影响。相比于风险厌恶的户主家庭，风险偏好的户主家庭会增加家庭风险性金融资产占比和股票占比，同时减少储蓄存款占比。相比于风险厌恶的户主家庭，风险中性的户主家庭会提高风险性金融资产占比和股票占比，但两者在储蓄存款占比上没有差别。本书的这一发现与 Shum 和 Faig（2006），雷晓燕和周月刚（2010），Cooper 和 Kaplanis（1994）的研究结论基本一致。

（5）户主性别的影响。

不同的家庭对风险的承受能力存在差异，这种差异受主观因素和客观因素的共同影响。家庭决策者的性别是典型的主观因素。不同性别对冒险的喜好程度有着天然的差异，这种差异是由基因决定的，一般认为男性比女性更偏好风险。这种风险态度上的差异将体现在家庭金融资产选择行为上，进而影响家庭持有各种金融资产的数量和对结构的配置。

本书研究发现：户主性别对城镇居民家庭参与风险性金融市场有正向影响，但对家庭参与股票市场和储蓄存款市场没有显著影响。相比于女性户主，男性户主增加金融资产和储蓄存款持有量，但二者在股票持有量上没有显著差异。相比于女性户主，男性户主家庭会提高风险性金融资产比重，但二者在股票占比和储蓄存款占比上没有差别。

（6）户主婚姻状况的影响。

已婚户主家庭更可能参与股市，婚姻状况对家庭参与风险性金融市场和储蓄存款市场没有影响。与未婚户主家庭相比，已婚户主家庭持有更多的金融资产、储蓄存款和股票。已婚户主家庭配置在股票资产上的比重更高，但婚姻状况对风险性金融资产占比和储蓄存款占比没有影响。

（7）户主政治面貌的影响。

户主是否党员对家庭参与风险性金融市场没有显著影响，但户主为党员的家庭有更大的可能参与股票市场和储蓄存款市场。相比于非党员户主家庭，户主为党员的家庭会增加风险性金融资产和储蓄存款，但是否党员对股票持有量没有影响。户主为党员的家庭会增加储蓄存款的配置比重，是否党员对风险性金融资产比重和股票比重没有影响。

4. 地区差异的影响

（1）在家庭金融市场参与上，东部地区和中部地区的家庭在风险性金融市场的参与概率上显著高于西部地区家庭；东中西部地区家庭在股票市场的参与上没有显著差别；东部地区和中部地区的家庭在储蓄存款的参与概率上显著高于西部地区家庭。

（2）在金融资产的持有量上，东部和中部地区家庭比西部地区家庭更多地投资风险性金融资产和储蓄存款，但区域差异对股票持有量没有影响。

（3）在金融资产的配置比重上，东部和中部地区家庭比西部地区家庭有更高的风险性金融资产占比和储蓄存款占比，三大区域的家庭在股票占比上没有差异。

5. 社会网络对家庭金融资产选择的影响

本书第 7 章基于中国家庭金融调查的 2011 年和 2013 年数据，实证分析了社会资本对家庭风险性金融市场参与广度和参与深度的影响。研究发现：社会资本不仅显著提高了家庭参与风险性金融市场的概率，而且增加了家庭持有风险性金融资产，尤其是股票的数量。进一步的机制分析表明，社会资本可以通过降低风险规避态度和提升金融信息关注度的渠道来影响家庭对风险性金融资产的配置。研究结论在使用工具变量解决内生性问题，使用不同年份的调查数据进行检验后仍然稳健。这一研究结论再次证实了社会互动、社会资本、"信任""关系"等社会文化变量对家庭金融资产选择的作用，研究结论与许多学者（Hong et al.，2004；Guiso et al.，2004；Guiso et al.，2008；Ren-neboog et al.，2012；朱光伟 等，2014）的结论基本一致。

8.2 政策建议

本节基于城镇居民家庭金融资产选择实证分析的结论，提出 5 个方面的对策建议。

1. 深化经济体制改革，减少居民家庭预期的不确定性，引导居民多元化投资

改革开放以来，我国居民家庭收入有了很大提高，但社会经济体制改革也增加了居民对未来不确定性的预期，家庭偏好于预防性的储蓄，抑制了家庭金融资产多元化的发展。未来我国需要在深化社会经济领域改革的同时，不断完善社会保障措施，逐步

建立健全居民医疗保险制度、养老保险制度、失业保险制度和住房公积金制度，进而降低家庭对未来预期的不确定性，促使家庭在投资时更加关注资产的收益，实现家庭金融资产投资的多元化发展。

首先，提高居民收入水平应当成为政府的首要任务，通过就业培训和创业扶持计划提高全社会就业水平，给居民家庭一个稳定的收入增长预期。其次，加快基本社会保障体系建设，在经济发展的同时，为居民家庭提供养老、医疗、失业等最基本的社会保障，并不断扩大社会保障体系的覆盖范围和加大社会保障体系的支持力度，尤其是改传统的家庭养老模式为社会养老，建立更为合理的医疗保险制度，来促进我国家庭资产配置的进一步优化。最后，完善社会保障制度建设，建立以社会保险、社会救助、社会福利和社会优抚为核心的完善的社会保障体系，切实保障家庭的基本生活水平，给居民一个稳定的生活保障预期。

2. 完善和深化资本市场改革

我国经济在高速发展的同时，居民收入不断提高，导致边际储蓄率提升，居民家庭储蓄存款比重很高，这为家庭进行多元化投资奠定了基础。政府应当建立相应的金融市场供家庭进行不同金融资产的投资，因此创新、改革和完善现有资本市场（股票市场、债券市场和基金市场）意义重大。

首先，针对我国家庭股票投资比重较低的特征，要加快股票市场改革，进一步完善股票市场的制度建设，建立多层次的股票市场体系。不断扩大资本市场规模，重构证券市场格局，实现金融资产的结构合理化；努力实现证券市场的制度化和法制化建设，如改革 IPO 制度、提高信息披露质量、建立合理的退市机制、加大投资者保护力度，来减弱中国股市波动，降低股票投资的风险；建立统一集中的证券监管体制，使证券市场更加透明、规范，为居民创造良好的投资环境；通过培育机构投资者和发展证券投资基金来降低证券市场的波动性，促进证券市场的稳定发展，进而吸引更多的居民家庭通过机构投资者投资证券。

其次，不断扩大债券市场规模，完善债券市场结构。我国应不断扩大国债发行规模，建立和完善国债的发行和流通体系，允许不同期限结构的国债在市场上自由流通；扩大企业债券的市场份额，加大企业债券的发行力度，在改善企业资产负债结构的同时，增加居民家庭的投资渠道；扩大债券发行品种，完善债券市场结构，健全债券市场功能。

最后，针对居民家庭资产配置中基金比例较低的特征，我国应该进一步促进基金市场的合理竞争，降低基金费率，规范基金投资行为，提高基金管理能力，吸引中国家庭加大在基金市场上的投资。

3. 加快商业保险市场的发展

本书研究发现，购买商业保险的家庭更有可能参与金融市场，并持有更多的金融资产。当前我国商业保险市场还不完善，保险产品和服务还有很大的改进空间，这对我国保险业的发展既是挑战也是机遇。保险公司应当积极扩大商业保险市场规模，增强保险产品的吸引力。政府监管部门应当完善相关法律法规，促进各类保险中介规范发展，激励保险中介为家庭购买商业保险提供高效服务；重点发展符合我国国情的保险产品，如商业医疗保险、商业养老保险和责任保险等；探索保险机构参与新型农村合作医疗的有效方式，探索建立政策支持的巨灾保险体系。

4. 加快房地产相关领域改革，促进房地产市场健康发展，优化家庭金融资产配置

本书研究发现：房产占比对家庭金融市场参与率、家庭金融资产数量和家庭金融资产结构均有显著的挤出效应。我国实行住房市场化改革以来，尤其是最近十年以来，地价和房价不断创新高，房产是大部分家庭最重要的资产，这导致我国城镇居民家庭资产构成中房产比重很高，而股票、基金等金融资产的比重极低，极高的房产投资比例和住房拥有率，使得房产对于中国家庭金融资产配置起着极为重要的作用。政府应对房价进行调控使其回归合理水平，促进房屋租赁市场的健康发展，这将有助于家庭资产配置的优化。

5. 构建社会主义和谐社区

本研究发现：良好的社会网络可以促进家庭参与金融市场。社会网络作为一种非正式的制度安排，不但具有"信息桥"的作用，可以通过网络成员缓解信息不对称，降低交易成本；而且有助于改变家庭的主观风险态度，能够帮助家庭改变保守的风险态度，形成合理的风险投资态度。因此，政府应该加强社会主义和谐社区建设，有效发挥社会网络的保险与保障功能。建立广泛的、高质量的社会网络，一方面，可以降低家庭投资金融市场的风险；另一方面，有助于家庭增加信贷渠道，缓解信贷约束，进而增加家庭财产性收入，提高家庭福利水平。

8.3　进一步研究的方向

家庭金融作为金融学研究的一个新兴领域，近年来正受到越

来越多的重视。家庭作为社会经济活动的重要载体，其参与金融市场的意愿、持有金融资产的数量和配置结构是衡量一个国家经济发展阶段和资本市场发展水平的重要标准。改革开放以来，历经 30 多年经济的高速增长，居民家庭收入有了很大提高，资本市场和金融市场有了长足发展，家庭参与金融市场的意愿和能力显著提升。但是，多数居民家庭缺乏必要的金融知识储备，在金融资产选择过程中存在或多或少的盲目性、跟随性和冲动性，导致家庭金融资产选择行为变得日益复杂化和多样化，由此派生出与家庭金融资产选择相关的一系列理论与现实问题。中国正处于经济转轨和社会转型的关键时期，在此时代背景下对居民家庭金融资产选择行为进行深入系统的规范研究，不仅具有重要的理论价值和现实意义，还具有深刻的政策意义。

正如 Campbell（2006）所言，尽管家庭金融正逐渐成为金融学的一个重要领域与研究分支，其研究前景非常广阔，但与金融学的两个传统研究领域——资产定价和公司金融相比，家庭金融的研究无论在理论方面还是在实证方面都尚未取得一致的结论。中国家庭金融调查与研究中心主任甘犁教授（2013）认为，家庭金融面临建模和度量两个方面的巨大挑战，而正是这一挑战支撑了该领域未来研究的广阔前景。

本书试图尽可能全面系统地对中国城镇居民家庭金融资产选择问题进行研究，但仍不可避免地在有些地方存在不足，这些不足之处有待未来做进一步的深入研究，不断改进和完善对这一领域的研究。

首先，本书主要从家庭微观视角分析城镇居民家庭金融资产选择问题，通过把家庭属性变量作为影响因素引入模型，从而对家庭金融市场参与、金融资产数量和结构进行实证研究，这种分析具有一定的探索性，仅能初步识别哪些影响因素对因变量产生影响。在未来的研究中，初步识别出的每一个有显著影响的因素，均可以单独进行深入的建模研究。

其次，尽管本书使用了全国范围内的调研数据，克服了以往研究常常使用区域性数据，导致结论不具有代表性、可能出现一定偏差的局限性。但是，本书使用的数据仅限于 2011 年和 2013 年的截面数据，一些随时间变化的因素（利率、通货膨胀率、家庭收入的变动、家庭资产的变动）无法引入模型，无法考察家庭金融资产选择的动态特征。未来的研究将在获取更大范围和更长时间数据的基础上，把更多的影响因素，尤其是随时间变化的因素引入模型，从而可以对家庭金融资产选择进行动态分析。

最后，从研究内容上看，本书仅从微观层面分析家庭金融资产选择行为，但家庭金融选择既是微观主体的经济行为，又与整个宏观经济密切联系，随着家庭收入的提高和金融投资的多元化，居民家庭金融资产投资发挥着日益重要的功能，在把储蓄转化为投资，优化全社会资源配置上发挥着越来越重要的作用。在未来的研究中，需要从宏观视角分析影响家户部门金融资产数量与结构的因素有哪些？家户部门金融资产数量与结构之间有什么样的关系？家户部门金融资产总量和结构与金融市场发展有什么样的关系？家户部门金融资产数量和结构与经济增长之间有什么样的关系？这些问题在宏观经济中愈发重要，有待将来进行全面、深入的研究。

参考文献

AGNEW J, BALDUZZI P, SUNDéN A, 2003. Portfolio choice and trading in a large 401 (k) plan [J]. American economic review, 93 (1): 193-215.

ALLEN F, QIAN J, QIAN M, 2005. Law, finance, and economic growth in China [J]. Journal of financial economics, 77 (1): 57-116.

ANDO A, MODIGLIANI F, 1963. The "Life Cycle" hypothesis of saving: aggregate implications and tests [J]. American economic review, 53 (1): 55-84.

ATELLA V, BRUNETTI M, MAESTAS N, 2012. Household portfolio choices, health status and health care systems: a cross-country analysis based on share [J]. J bank financ, 36 (5): 1320-1335.

BAGLIANO F C, FUGAZZA C, NICODANO G, 2012. Optimal life-cycle portfolios for heterogeneous workers [J]. Social Science Electronic Publishing (1): 60.

BARASINSKA N, SCHäFER D, STEPHAN A, 2012. Individual risk attitudes and the composition of financial portfolios: evidence from german household portfolios [J]. Quarterly review of economics & finance, 52 (1): 1-14.

VAN BASTELAER T, 2002. Does social capital facilitate the poor's access to credit [J]. Understanding and measuring social capital: a multidisciplinary tool for practitioners (1): 237-64.

LIN N, 2017. Building a network theory of social capital [M] //Social capital. London: Routledge: 3-28.

BEHRMAN J R, MITCHELL O S, SOO C K, et al., 2012. How financial literacy affects household wealth accumulation [J]. American economic review, 102 (3): 300-304.

BEHRMAN J R, MITCHELL O S, SOO C, et al., 2010. Financial literacy, schooling, and wealth accumulation [Z]. New York: NBER.

BENZONI L, COLLIN – DUFRESNE P, GOLDSTEIN R S, 2007. Portfolio choice over the life – cycle when the stock and labor markets are cointegrated [J]. Journal of finance, 62 (5): 2123 - 2167.

BERKOWITZ M K, QIU J, 2006. A further look at household portfolio choice and health status [J]. Journal of banking & finance, 30 (4): 1201-1217.

BERTAUT C C, STARR M, 2000. Household portfolios in the United States [M]. Social science electronic publishing (1): 50.

BERTAUT C C, 1998. Stockholding behavior of U. S. households: evidence from the 1983-1989 survey of consumer finances [J].

Review of economics & statistics, 80 (2): 263-275.

BERTOCCHI G, BRUNETTI M, TORRICELLI C, 2011. Marriage and other risky assets: a portfolio approach [J]. Social science electronic publishing, 35 (11): 2902-2915.

BIAN Y, 1997. Bringing strong ties back in: indirect ties, network bridges, and job searches in China [J]. American sociological review, 62 (3): 366-385.

BIAN Y, 2001. Guanxi capital and social eating: theoretical models and empirical analyses [J]. Social capital theory & research (2): 60.

BLOW L, NESHEIM L, 2009. Dynamic housing expenditures and household welfare [J]. Cemmap Working Papers.

BROWN J R, IVKOVICZ, SMITH P A, et al., 2008. Neighbors matter: causal community effects and stock market participation [J]. Journal of finance, 63 (3): 1509-1531.

BROWN S, TAYLOR K, 2008. Household debt and financial assets: evidence from Germany, Great Britain and the USA [J]. Journal of the royal statistical society, 171 (3): 615-643.

CAMPBELL J Y, 2006. Household finance [J]. Journal of finance, 61 (4): 1553-1604.

CARDAK B A, WILKINS R, 2009. The determinants of household risky asset holdings: Australian evidence on background risk and other factors [J]. Journal of banking & finance, 33 (5): 850-860.

CHRISTELIS D, JAPPELLI T, PADULA M, 2008. Cognitive abilities and portfolio choice [J]. European economic review, 54

（1）: 18-38.

COATE S, RAVALLION M, 1993. Reciprocity without commitment: characterization and performance of informal insurance arrangements [J]. Journal of development economics, 40 (1): 1-24.

COCCO J F, GOMES F J, MAENHOUT P J, 2005. Consumption and portfolio choice over the life cycle [J]. Review of financial studies, 18 (2): 491-533.

COILE C, MILLIGAN K, 2009. How household portfolios evolve after retirement: the effect of aging and health shocks [J]. Review of income & wealth, 55 (2): 226-248.

CORNELIA KULLMANN, STEPHAN SIEGEL, 2005. Real estate and its role in household portfolio choice [J]. Ssrn electronic journal, 3: 42.

DIMMOCK S G, KOUWENBERG R, MITCHELL O S, et al., 2016. Ambiguity aversion and household portfolio choice puzzles: empirical evidence. [J]. J financ econ, 17 (3): 559-577.

DIMMOCK S G, KOUWENBERG R, 2010. Loss-aversion and household portfolio choice [J]. Journal of empirical finance, 17 (3): 441-459.

DOW J, 1992. Uncertainty aversion, risk aversion, and the optimal choice of portfolio [J]. Econometrica, 60 (1): 197-204.

DURLAUF S N, FAFCHAMPS M, 2005. Social capital [J]. Handbook of economic growth, 1, part b (483): 459-479.

DURLAUF S N, 2004. Neighborhood effects [J]. Working papers, 4 (1): 343-362.

FAFCHAMPS M, GUBERT F, 2007. The formation of risk sharing networks [J]. Journal of development economics, 83 (2): 326 −350.

FAFCHAMPS M, LUND S, 1998. Risk−sharing networks in rural Philippines [J]. Journal of development economics, 71 (2): 261−287.

FAIG M, SHUM P, 2002. Portfolio choice in the presence of personal illiquid projects [J]. Journal of finance, 57 (1): 303 − 328.

FLAVIN M, YAMASHITA T, 2002. Owner − occupied housing and the composition of the household portfolio [J]. American economic review, 92 (1): 345−362.

FLAVIN M, YAMASHITA T, 2011. Owner−occupied housing: life−cycle implications for the household portfolio [J]. American economic review, 101 (3): 609−614.

FUERTES A M, MURADOGLU G, OZTURKKAL B, 2014. A behavioral analysis of investor diversification [J]. European journal of finance, 20 (6): 499−523.

GEORGARAKOS D, PASINI G, 2011. Trust, sociability, and stock market participation [J]. Social science electronic publishing, 15 (4): 693−725.

GERHARDT R, MEYER S, 2013. The effect of personal portfolio reporting on private investors [J]. Financial markets & portfolio management, 27 (3): 257−273.

GIOFRé M, 2008. Information asymmetries and foreign equity

portfolios: households versus financial investors [C] // Center for research on pensions and welfare policies. Turin: [s. n.].

GOETZMANN W N, KUMAR A, 2004. Equity portfolio diversification [J]. Social science electronic publishing, 12 (3): 433-463.

GOLDMAN D, MAESTAS N, 2013. Medical expenditure risk and household portfolio choice [J]. Journal of applied econometrics, 28 (4): 527-550.

GOLEC J, TAMARKIN M, 2002. Bettors love skewness, not risk, at the horse track [J]. Journal of political economy, 106 (1): 205-225.

GORMLEY T, LIU H, ZHOU G, 2010. Limited participation and consumption-saving puzzles: a simple explanation and the role of insurance [J]. Social science electronic publishing, 96 (2): 331-344.

GOURIEROUX C, MONFORT A, 2005. The econometrics of efficient portfolios [J]. Journal of empirical finance, 12 (1): 1-41.

GREENE W H, QUESTER A O, 1982. Divorce risk and wives' labor supply behavior [J]. Social science quarterly, 63 (1): 16-27.

GROOTAERT C, 2001. Does social capital help the poor? -a synthesis of findings from the local level institutions studies in Bolivia, Burkina Faso, and Indonesia [R]. Washington: The World Bank.

GROOTAERT C, 1999. Social capital, houshold welfare, and poverty in Indonesia [R]. Washington: The World Bank.

GUISO L, JAPPELLI T, HALIASSOS M, 2000. Household portfolios: an international comparison [J]. Csef working papers.

GUISO L, JAPPELLI T, TERLIZZESE D, 1996. Income risk, borrowing constraints, and portfolio choice [J]. American economic review, 86 (1): 158-172.

GUISO L, PAIELLA M, 2004. The role of risk aversion in predicting individual behaviors [J]. Luigi Guiso.

GUISO L, SAPIENZA P, ZINGALES L, 2008. Trusting the stock market [J]. Journal of finance, 63 (6): 2557-2600.

GUISO L. Household portfolios [M]. Boston: MIT Press, 2002.

HALIASSOS M, BERTAUT C C, 1995. Why do so few hold stocks? [J]. Economic journal, 105 (432): 1110-1129.

HEATON J, LUCAS D, 2005. Market frictions, savings behavior, and portfolio choice [J]. Macroeconomic dynamics, 1 (1): 76 -101.

HEATON J, LUCAS D, 2000. Portfolio choice and asset prices: the importance of entrepreneurial risk [J]. Journal of finance, 55 (3): 1163-1198.

HOCHGUERTEL S, 2003. Precautionary motives and portfolio decisions [J]. Journal of applied econometrics, 18 (1): 61-77.

HONG H, KUBIK J D, STEIN J C, 2004. Social interaction and stock-market participation [J]. Social science electronic publishing, 59 (1): 137-163.

HORNE J C V, BLUME M E, FRIEND I, 2012. The asset

structure of individual portfolios and some implications for utility functions [J]. Journal of finance, 30 (2): 585-603.

HUSTON S J, 2010. Measuring financial literacy [J]. Journal of consumer affairs, 44 (2): 296-316.

HWANG K K, 1987. Face and favor: the Chinese power game [J]. American journal of sociology, 92 (4): 944-974.

JACOBS J B, 1979. A preliminary model of particularistic ties in Chinese political alliances: Kan-Ch'ing and Kuan-Hsi in a rural Taiwanese township [J]. China quarterly, 78 (78): 237-273.

JORDAN D K, JACOBS J B, 1982. Local politics in a rural Chinese cultural setting [J]. Pacific Affairs, 54 (3): 526.

JUSTER F T, SMITH J P, STAFFORD F, 1999. The measurement and structure of household wealth [J]. Labour economics, 6 (2): 253-275.

JUSTER F T, SMITH J P, 1997. Improving the quality of economic data: lessons from the HRS and AHEAD [J]. Publications of the American Statistical Association, 92 (440): 1268-1278.

KAPTEYN A, TEPPA F, 2011. Subjective measures of risk aversion, fixed costs, and portfolio choice [J]. Journal of economic psychology, 32 (4): 564-580.

KELLY M, 2004. All their eggs in one basket: portfolio diversification of US households [J]. Journal of economic behavior & organization, 27 (1): 87-96.

KING M A, LEAPE J I, 1984. Wealth and portfolio composition: theory and evidence [J]. Cepr discussion papers, 69 (2):

155-193.

KNIGHT J, YUEH L, 2008. The role of social capital in the labour market in China [J]. Economics of transition, 16 (3): 389-414.

KRANTON R E, 1996. Reciprocal exchange: a self-sustaining system [J]. American economic review, 86 (4): 830-851.

L VAVROUSKOVA, L C ECHURA, 2012. Wage disparity and inter-occupation specifics in managing czech households' portfolios: what is the position of agricultural workers? [J]. AGRIS on-line papers in economics and informatics, 4 (3).

LETKIEWICZ J C, FOX J J, 2014. Conscientiousness, financial literacy, and asset accumulation of young adults [J]. Journal of consumer affairs, 48 (2): 274-300.

LIN N, 1999. Social networks and status attainment [J]. Annual review of sociology, 25 (1): 467-487.

LOVE D A, SMITH P A, 2010. Does health affect portfolio choice? [J]. Health economics, 19 (12): 1441.

MANKIW N G, ZELDES S P, 1990. Consumption of stockholders and non-stockholders [J]. Journal of financial economics, 29 (1): 97-112.

MARCEL F, 2006. Development and social capital [J]. Journal of development studies, 42 (7): 1180-1198.

MARIANNA B, COSTANZA T, 2010. Population age structure and household portfolio choices in Italy [J]. European journal of finance, 16 (6): 481-502.

MARKOWITZ H, 1952. Porfolio selection [J]. Theory & practice of investment management asset allocation valuation portfolio construction & strategies second edition, 7 (1): 77-91.

MAYORDOMO S, RODRIGUEZMORENO M, PEñA J I, 2014. Portfolio choice with indivisible and illiquid housing assets: the case of Spain [J]. Social science electronic publishing, 14 (11): 38-47.

MENDES V, 2010. Financial literacy and portfolio diversification [J]. Quantitative finance, 10 (5): 515-528.

MERTON R C, 1969. Lifetime portfolio selection under uncertainty: the continuous-time case [J]. Review of economics & statistics, 51 (3): 247-257.

MINCER J, 1974. Schooling, experience, and earnings [M] //National bureau of economic research. New York: Columbia University Press: 218-223.

MITCHELL O S, UTKUS S P, 2002. The role of company stock in defined contribution plans [M]. Social science electronic publishing, 4: 33-71.

MONTGOMERY J D, 1991. Social networks and labor - market outcomes: toward an economic analysis [J]. American economic review, 81 (5): 1408-1418.

MORISSETTE R, ZHANG X, 2006. Revisiting wealth inequality [J]. Perspectives on labour & income, 7 (12).

MUNSHI K D, ROSENZWEIG M R. Why is mobility in India so low? Social insurance, inequality, and growth [Z]. New York:

Nber.

MUNSHI K, ROSENZWEIG M, 2006. Traditional institutions meet the modern world: caste, gender, and schooling choice in a globalizing economy [J]. American economic review, 96 (4): 1225-1252.

MUNSHI K, 2003. Networks in the modern economy: Mexican migrants in the U. S. labor market [J]. Quarterly journal of economics, 118 (2): 549-599.

NALIN H T, 2013. Determinants of household saving and portfolio choice behaviour in Turkey [J]. Acta oeconomica, 63 (3): 309-331.

NARAYAN D, PRITCHETT L, 1999. Cents and sociability: household income and social capital in rural Tanzania [J]. Economic development & cultural change, 47 (4): 871-897.

NIEUWERBURGH S V, VELDKAMP L, 2009. Information immobility and the home bias puzzle [J]. Journal of finance, 2009, 64 (3): 1187-1215.

OLSEN R J, 1978. Note on the uniqueness of the maximum likelihood estimator for the tobit model [J]. Econometrica, 46 (5): 1211-1215.

OSTROM E, 2000. Social capital: a fad or a fundamental concept [M] //DASGUPTA P, SERAGELDIN I. Social capital a multifaceted perspective. [S. l.: s. n.].

PELIZZON L, WEBER G, 2006. Are household portfolios efficient? an analysis conditional on housing [C]. [S. l.]: C. E. P.

R: 401-431.

PELIZZON L, WEBER G, 2009. Efficient portfolios when housing needs change over the life cycle [J]. Journal of banking & finance, 33 (11): 2110-2121.

POAPST J V, WATERS W R, 2012. Individual investment: canadian experience [J]. Journal of finance, 18 (4): 647-665.

POLKOVNICHENKO V, 2005. Household portfolio diversification: a case for rank-dependent preferences [J]. Review of financial studies, 18 (4): 1467-1502.

POTERBA J M, SAMWICK A, 1997. Household portfolio allocation over the life cycle [Z]. New York: Nber.

RENNEBOOG L, SPAENJERS C, 2012. Religion, economic attitudes, and household finance [J]. Social science electronic publishing, 64 (1): 103-127.

ROCHE H, TOMPAIDIS S, YANG C, 2013. Why does junior put all his eggs in one basket? A potential rational explanation for holding concentrated portfolios [J]. Journal of financial economics, 109 (3): 775-796.

ROOIJ M V, LUSARDI A, ALESSIE R, 2007. Financial literacy and stock market participation [J]. Journal of financial economics, 101 (2): 449-472.

ROSEN H S, WU S, 2004. Portfolio choice and health status [J]. Journal of financial economics, 72 (3): 457-484.

SAMUELSON P A, 1969. Lifetime portfolio selection by dynamic stochastic programming [J]. Review of economics & statistics, 51

(3): 239-246.

SHARMA H, 2010. Impact of income shocks on asset portfolio of rural Indian households: an empirical analysis [C] // ASME 2011 pressure vessels and piping conference: 853-859.

SHARPE W F, 1964. Capital asset prices: a theory of market equilibrium under conditions of risk [J]. Journal of finance, 19 (3): 425-442.

SHUM P, FAIG M, 2006. What explains household stock holdings? [J]. Social science electronic publishing, 30 (9): 2579-2597.

STOCK J H, YOGO M, 2005. Testing for weak instruments in linear IV regression [Z]. New York: Nber.

THOMASJUSTER F, SMITH J, 1997. Improving the quality of economic data: lessons from the HRS and AHEAD [J]. Publications of the American Statistical Association, 92 (440): 1268-1278.

TOBIN J, 1958. Estimation of relationships for limited dependent variables [J]. Econometrica, 26 (1): 24-36.

TOBIN J, 1958. Liquidity preference as behavior towards risk [J]. Review of economic studies, 25 (2): 65-86.

VISSING J A, 2002. Limited asset market participation and the elasticity of intertemporal substitution [J]. Journal of political economy, 110 (4): 825-853.

WEBER E U, HSEE C K, 1999. Models and mosaics: investigating cross-cultural differences in risk perception and risk preference. [J]. Social science electronic publishing, 6 (4): 611-617.

WEBER E U, HSEE C K, 1999. Models and mosaics: investigating cross-cultural differences in risk perception and risk preference [J]. Psychonomic bulletin & review, 6 (4): 611.

YAN Y, 1996. The flow of gifts: reciprocity and social networks in a Chinese village [J]. China journal, 37 (4): 185-186.

YANG M H, 1994. Gifts, favors, and banquets: the art of social relationships in China [M]. Ithaca: Cornell University Press.

ZHANG C, XU Q, ZHOU X, et al., 2014. Are poverty rates underestimated in China? New evidence from four recent surveys [J]. China economic review, 31 (C): 410-425.

包蓓英, 2000. 决定居民家庭金融资产积累程度和结构高度的外部因素分析 [J]. 金融与经济 (4): 33-34.

边燕杰, 2004. 城市居民社会资本的来源及作用: 网络观点与调查发现 [J]. 中国社会科学 (3): 136-146.

曹扬, 2015. 社会网络与家庭金融资产选择 [J]. 南方金融 (11): 38-46.

曾志耕, 何青, 吴雨, 等, 2015. 金融知识与家庭投资组合多样性 [J]. 经济学家 (6): 86-94.

陈斌开, 李涛, 2011. 中国城镇居民家庭资产—负债现状与成因研究 [J]. 经济研究 (s1): 55-66.

陈柳钦, 2007. 社会资本及其主要理论研究观点综述 [J]. 东方论坛 (3): 84-91.

陈强, 2014. 高级计量经济学及Stata应用 [M]. 2版. 北京: 高等教育出版社: 239-240.

陈彦斌, 2008. 中国城乡财富分布的比较分析 [J]. 金融研究（12）：87-100.

陈志武，2003. 让证券市场孕育中产阶级［J］. 新财富（8）：18-20.

费孝通，1948. 乡土中国［M］. 北京：三联书店.

甘犁，尹志超，贾男，等，2013. 中国家庭资产状况及住房需求分析［J］. 金融研究（4）：1-14.

甘犁，尹志超，2012. 中国家庭金融调查报告 2012［M］. 成都：西南财经大学出版社.

甘犁，2012. 中国家庭金融调查报告［M］. 成都：西南财经大学出版社.

甘犁，2015. 中国家庭金融调查报告［M］. 西南财经大学出版社.

高明，刘玉珍，2013. 跨国家庭金融比较：理论与政策意涵［J］. 经济研究（2）：134-149.

顾新，郭耀煌，李久平，2003. 社会资本及其在知识链中的作用［J］. 科研管理，24（5）：44-48.

郭士祺，梁平汉，2014. 社会互动、信息渠道与家庭股市参与：基于 2011 年中国家庭金融调查的实证研究［J］. 经济研究（s1）：116-131.

郭树清，2012. 不改善金融结构 中国经济将没有出路［J］. 中小企业管理与科技（中旬刊）（8）：9-16.

何清涟，1998. 现代化的陷阱［M］. 北京：今日中国出版社.

何兴强，史卫，周开国，2009. 背景风险与居民风险金融资产投资［J］. 经济研究（12）：119-130.

胡枫，陈玉宇，2012. 社会网络与农户借贷行为：来自中国

233

家庭动态跟踪调查（CFPS）的证据 ［J］. 金融研究，120（12）：178-192.

胡金焱，张博，2014. 社会网络、民间融资与家庭创业：基于中国城乡差异的实证分析 ［J］. 金融研究（10）：148-163.

黄倩，2014. 社会网络与家庭金融资产选择 ［D］. 成都：西南财经大学.

贾男，马俊龙，2015. 非携带式医保对农村劳动力流动的锁定效应研究 ［J］. 管理世界（9）：82-91.

解垩，孙桂茹，2012. 健康冲击对中国老年家庭资产组合选择的影响 ［J］. 人口与发展，18（4）：47-55.

金烨，李宏彬，2009. 非正规金融与农户借贷行为 ［J］. 金融研究（4）：63-79.

雷晓燕，周月刚，2010. 中国家庭的资产组合选择：健康状况与风险偏好 ［J］. 金融研究（1）：31-45.

李凤，罗建东，路晓蒙，等，2016. 中国家庭资产状况、变动趋势及其影响因素 ［J］. 管理世界（2）：45-56.

李锐，朱喜，2007. 农户金融抑制及其福利损失的计量分析 ［J］. 经济研究（2）：130-138.

李爽，陆铭，佐藤宏，2008. 权势的价值：党员身份与社会网络的回报在不同所有制企业是否不同？ ［J］. 世界经济文汇（6）：27-43.

李涛，郭杰，2009. 风险态度与股票投资 ［J］. 经济研究（2）：56-67.

李涛，子璇，2006. 社会互动与投资选择 ［J］. 经济研究（8）：45-57.

李涛，2006. 社会互动、信任与股市参与 [J]. 经济研究 (1)：34-45.

李心丹，肖斌卿，俞红海，等，2011. 家庭金融研究综述 [J]. 管理科学学报，14 (4)：74-85.

李雪莲，马双，邓翔，2015. 公务员家庭、创业与寻租动机 [J]. 经济研究 (5)：89-103.

李雪松，黄彦彦，2015. 房价上涨、多套房决策与中国城镇居民储蓄率 [J]. 经济研究 (9)：100-113.

李长生，张文棋，2015. 信贷约束对农户收入的影响：基于分位数回归的分析 [J]. 农业技术经济 (8)：43-52.

梁漱溟，1949. 中国文化要义 [M]. 上海：鹿鸣书店.

林毅夫，孙希芳，2005. 信息、非正规金融与中小企业融资 [J]. 经济研究 (7)：35-44.

刘西川，杨奇明，陈立辉，2014. 农户信贷市场的正规部门与非正规部门：替代还是互补？ [J]. 经济研究 (11)：145-158.

刘欣欣，2009. 我国居民金融资产选择行为演变的制度分析 [J]. 南方金融 (3)：15-18.

龙志和，周浩明，2000. 中国城镇居民预防性储蓄实证研究 [J]. 经济研究 (11)：33-38.

陆铭，张爽，佐藤宏，2010. 市场化进程中社会资本还能够充当保险机制吗？——中国农村家庭灾后消费的经验研究 [J]. 世界经济文汇 (1)：16-38.

马光荣，杨恩艳，2011. 社会网络、非正规金融与创业 [J]. 经济研究 (3)：83-94.

宁光杰，2014. 居民财产性收入差距：能力差异还是制度阻

235

碍？——来自中国家庭金融调查的证据 [J]. 经济研究 (s1)：102-115.

钱先航，曹廷求，曹春方，2015. 既患贫又患不安：编制与公共部门的收入分配研究 [J]. 经济研究 (7)：57-71.

史代敏，宋艳，2005. 居民家庭金融资产选择的实证研究 [J]. 统计研究，22 (10)：43-49.

史代敏，2012. 居民家庭金融资产选择的建模研究 [M]. 北京：中国人民大学出版社.

孙永苑，杜在超，张林，等，2016. 关系、正规与非正规信贷 [J]. 经济学 (季刊)，15 (2)：597-626.

王聪，田存志，2012. 股市参与、参与程度及其影响因素 [J]. 经济研究 (10)：97-107.

王铭铭，1997. 社区的历程：溪村汉人家族的个案研究 [M]. 天津：天津人民出版社.

王书华，杨有振，苏剑，2014. 农户信贷约束与收入差距的动态影响机制：基于面板联立系统的估计 [J]. 经济经纬，31 (1)：26-31.

王向楠，孙祁祥，王晓全，2013. 中国家庭寿险资产和其他资产选择研究：基于生命周期风险和资产同时配置 [J]. 当代经济科学，35 (3)：1-10.

王阳，漆雁斌，2010. 农户风险规避行为对农业生产经营决策影响的实证分析 [J]. 四川农业大学学报，28 (3)：376-382.

王阳，漆雁斌，2013. 农户金融市场参与意愿与影响因素的实证分析：基于 3 238 家农户的调查 [J]. 四川农业大学学报，31 (4)：474-480.

王宇，周丽，2009. 农村家庭金融市场参与影响因素的比较研究 [J]. 金融理论与实践（4）：13-17.

吴卫星，吕学梁，2013. 中国城镇家庭资产配置及国际比较：基于微观数据的分析 [J]. 国际金融研究（10）：45-57.

吴卫星，齐天翔，2007. 流动性、生命周期与投资组合相异性：中国投资者行为调查实证分析 [J]. 经济研究（2）：97-110.

吴卫星，丘艳春，张琳琬，2015. 中国居民家庭投资组合有效性：基于夏普率的研究 [J]. 世界经济（1）：154-172.

吴卫星，荣苹果，徐芊，2011. 健康与家庭资产选择 [J]. 经济研究（s1）：43-54.

伍德里奇，2015. 计量经济学导论：现代观点 [M]. 5版. 中国人民大学出版社.

肖作平，张欣哲，2012. 制度和人力资本对家庭金融市场参与的影响研究：来自中国民营企业家的调查数据 [J]. 经济研究（s1）：91-104.

徐梅，李晓荣，2012. 经济周期波动对中国居民家庭金融资产结构变化的动态影响分析 [J]. 上海财经大学学报（5）：54-60.

杨程博，孙巍，2014. 城乡居民收入分布变迁的汽车消费异质性特征研究：基于分位数视角的微观数据实证分析 [J]. 数量经济研究（1）：1.

杨金敏，2009. 我国个人理财的现状、存在问题及对策 [J]. 经济论坛（12）：45-47.

杨汝岱，陈斌开，朱诗娥，2011. 基于社会网络视角的农户民间借贷需求行为研究 [J]. 经济研究 (11)：116-129.

姚亚伟，2012. 上海市居民家庭资产配置现状及对策分析 [J]. 上海金融 (6)：10-15.

易小兰，2012. 农户正规借贷需求及其正规贷款可获性的影响因素分析 [J]. 中国农村经济 (2)：56-63.

尹志超，黄倩，2013. 股市有限参与之谜研究述评 [J]. 经济评论 (6)：144-150.

尹志超，宋全云，吴雨，等，2015. 金融知识、创业决策和创业动机 [J]. 管理世界 (1)：87-98.

尹志超，宋全云，吴雨，2014. 金融知识、投资经验与家庭资产选择 [J]. 经济研究 (4)：62-75.

尹志超，吴雨，甘犁，2015. 金融可得性、金融市场参与和家庭资产选择 [J]. 经济研究 (3)：87-99.

臧旭恒，刘大可，2003. 利率杠杆与居民消费—储蓄替代关系分析 [J]. 南开经济研究 (6)：3-8.

张博，胡金焱，范辰辰，2015. 社会网络、信息获取与家庭创业收入：基于中国城乡差异视角的实证研究 [J]. 经济评论 (2)：52-67.

张爽，陆铭，章元，2007. 社会资本的作用随市场化进程减弱还是加强？——来自中国农村贫困的实证研究 [J]. 经济学 (季刊)，6 (2)：539-560.

张学勇，贾琛，2010. 居民金融资产结构的影响因素：基于河北省的调查研究 [J]. 金融研究 (3)：34-44.

张燕，徐菱涓，2013. 江苏省城镇居民家庭金融资产结构影响因素的实证分析 [J]. 金融纵横 (1)：77-82.

赵剑治, 陆铭, 2010. 关系对农村收入差距的贡献及其地区差异: 一项基于回归的分解分析 [J]. 经济学 (季刊), 9 (1): 363-390.

赵允迪, 王俊芹, 2012. 农户农村信用社借贷需求的影响因素分析: 基于河北省农户调查 [J]. 农业技术经济 (9): 43-51.

周钦, 袁燕, 臧文斌, 2015. 医疗保险对中国城市和农村家庭资产选择的影响研究 [J]. 经济学 (季刊), 14 (2): 931-960.

周广肃, 樊纲, 申广军, 2014. 收入差距、社会资本与健康水平: 基于中国家庭追踪调查 (CFPS) 的实证分析 [J]. 管理世界 (7): 12-21.

周晔馨, 2012. 社会资本是穷人的资本吗? ——基于中国农户收入的经验证据 [J]. 管理世界 (7): 83-95.

朱光伟, 杜在超, 张林, 2014. 关系、股市参与和股市回报 [J]. 经济研究 (11): 87-101.

邹红, 喻开志, 2009. 我国城镇居民家庭的金融资产选择特征分析: 基于6个城市家庭的调查数据 [J]. 工业技术经济, 28 (5): 19-22.